# INSTRUCTIONS

## PRATIQUES

# SUR LE DRAINAGE,

RÉUNIES

PAR ORDRE DU MINISTRE DE L'AGRICULTURE,

DU COMMERCE ET DES TRAVAUX PUBLICS.

# PARIS.

## IMPRIMERIE IMPÉRIALE.

M DCCC LV.

R
356

# INSTRUCTIONS

## PRATIQUES

# SUR LE DRAINAGE.

# INSTRUCTIONS

## PRATIQUES

# SUR LE DRAINAGE,

RÉUNIES

PAR ORDRE DU MINISTRE DE L'AGRICULTURE,

DU COMMERCE ET DES TRAVAUX PUBLICS.

# PARIS.

## IMPRIMERIE IMPÉRIALE

—

M DCCC LV.

# AVERTISSEMENT.

Ces *Instructions* sont spécialement destinées aux employés du ministère de l'agriculture, du commerce et des travaux publics
qui peuvent se trouver appelés à surveiller
des opérations de drainage. On a dû, par
conséquent, décrire ici, avec tous les détails
nécessaires, les procédés les plus perfectionnés
d'*exécution* des travaux de cette nature, mais
écarter soigneusement toute discussion théo-
rique, et toute étude purement scientifique,
administrative ou financière.

Pour approfondir l'étude de l'art du drainage, les ingénieurs agricoles et les proprié-

taires devront consulter les ouvrages spéciaux, et déjà nombreux, publiés sur ce sujet. Ils ne trouveraient dans ce volume ni la solution des difficultés exceptionnelles qu'ils pourront rencontrer, ni l'explication abstraite de la plupart des phénomènes que présente le drainage. On a seulement désiré que ces Instructions pussent leur éviter d'avoir à rechercher eux-mêmes et à formuler pour chacun de leurs ouvriers, ou de leurs surveillants, les règles pratiques de l'exécution des travaux.

On ne prétend nullement, d'ailleurs, donner comme absolues les méthodes décrites dans cette brochure, et encore moins les imposer aux praticiens. Elles ont toutes été, il est vrai, soumises avec succès à l'épreuve en grand de la pratique, mais on est loin de penser qu'elles soient arrivées à leur dernier degré de perfection et que, dès lors, il n'y ait plus à les améliorer.

La fabrication des tuyaux étant encore peu répandue dans les départements, malgré les nombreux encouragements de l'Administration, on a pensé qu'il serait utile de donner à cet égard les mêmes renseignements que sur les travaux eux-mêmes.

Les figures ont été l'objet d'un soin particulier. Elles sont toutes dessinées exactement
et à l'échelle d'après les objets eux-mêmes;
elles peuvent parfaitement servir de guide
pour le tracé des dessins d'exécution.

# INSTRUCTIONS

## PRATIQUES

## SUR LE DRAINAGE,

RÉUNIES

PAR ORDRE DE M. LE MINISTRE DE L'AGRICULTURE,

DU COMMERCE ET DES TRAVAUX PUBLICS.

## INTRODUCTION.

Tous les cultivateurs connaissent les inconvénients des terres imbibées d'eau stagnante, et comprennent l'intérêt que l'on a, sous tous les rapports, à donner à cette eau surabondante un moyen régulier d'écoulement, sans cependant produire une dessiccation complète, aussi funeste qu'une trop grande humidité. C'est le but que l'on se propose d'atteindre par l'opération connue sous le nom de *drainage*.

But<br>du drainage.

Perfec-
tionnement
des
anciennes
méthodes
d'assai-
nissement
par
l'emploi
de tuyaux.

Les méthodes d'assainissement au moyen de rigoles souterraines sont connues et mises en œuvre, sur une plus ou moins grande échelle, depuis un temps illimité; mais elles ne sont devenues d'une application facile, économique et générale, que depuis les perfectionnements qu'elles ont reçus, en Angleterre, par l'emploi des tuiles et surtout des tuyaux en terre cuite.

Description
sommaire
du
procédé.

Les travaux de drainage consistent presque toujours aujourd'hui à ouvrir, dans la terre à assainir, une série de tranchées très-étroites de $1^m,20$ environ de profondeur. On dispose au fond de ces tranchées des tuyaux en poterie, posés bout à bout à la suite les uns des autres, que l'on recouvre ensuite en rejetant dans la tranchée la terre qui en avait été extraite. Les tuyaux communiquent les uns avec les autres et débouchent à l'air libre, au point le plus bas de chaque système de rigoles. L'eau en excès qui imprègne le sol arrive, par infiltration, jusqu'aux tuyaux de terre cuite; elle s'y introduit à travers les joints qui existent entre leurs extrémités, s'y réunit en plus ou moins grande quantité, et s'écoule, en suivant la pente, par l'extrémité la plus basse de la ligne des drains.

Principaux

Cette opération, si simple en elle-même, exerce

sur les phénomènes de la végétation et sur les travaux de la culture l'influence la plus avantageuse et les effets les plus remarquables.

Le rapide écoulement des eaux de pluie à travers le sol et l'abaissement des eaux stagnantes, quelle qu'en soit l'origine, à une profondeur suffisante pour ne plus nuire au développement des racines, sont les deux résultats directs et immédiats d'un drainage bien fait.

De ces deux premiers effets résultent, pour les terres auxquelles le drainage peut s'appliquer avantageusement, une moindre évaporation à la surface de la terre, un accroissement notable de la chaleur du sol, une modification profonde de la constitution de la couche arable, qui a moins de tendance à se fendre et conserve par suite plus de fraîcheur pendant l'été, une augmentation énorme de la fertilité, par l'introduction dans la terre des gaz et des substances les plus nécessaires au développement de toutes les récoltes, et, enfin, une amélioration considérable dans l'état sanitaire et le régime général des eaux des contrées où les travaux de cette espèce s'exécutent sur une certaine échelle.

Les eaux de pluie, étant rapidement absorbées par les terrains drainés, ne peuvent plus se réunir, dégrader la surface des champs et délaver les fumiers, en entraînant au loin leurs principes les plus précieux. C'est, pour le cultivateur, une économie de chaque jour, dont on n'apprécie pas assez généralement toute l'importance.

L'application du drainage aux terres humides permet de les labourer presque en toute saison, avantage que tous les agriculteurs sauront apprécier.

La santé des bestiaux s'améliore rapidement sur les terrains drainés. La pourriture, en particulier, cesse d'attaquer les moutons; aussi, voit-on toujours les animaux se réunir de préférence sur les parties drainées de la pièce qu'ils pâturent.

L'eau qui imbibe le sol, et qui est entraînée par les tuyaux, est immédiatement remplacée par de l'air atmosphérique, que chasse ensuite une nouvelle pluie. Ce second volume d'eau est à son tour remplacé par de l'air, et ainsi de suite successivement. Ce renouvellement, autour des racines, des principes les plus nécessaires à l'alimentation des végétaux permet aux plantes de se développer dans les meilleures conditions.

L'époque de la maturité des récoltes est notablement avancée par l'accroissement de chaleur qui résulte pour le sol d'un drainage bien exécuté. Cet effet est maintenant parfaitement constaté.

Quant à l'influence du drainage sur la salubrité publique, elle est manifeste. Dans beaucoup de localités, on a vu les fièvres intermittentes épidémiques disparaître après l'exécution de grandes opérations de cette espèce. Souvent les brouillards cessent de se manifester sur les terres assainies.

Le résumé rapide que l'on vient de lire, des inconvénients que le drainage fait disparaître et des avantages qu'il procure, suffit pour faire reconnaître les terres auxquelles il convient d'appliquer ce procédé d'amélioration.

On comprend, en effet, que le drainage doit surtout s'appliquer avantageusement aux terres froides et fortes, aux sols argileux, et, en général, aux terrains imperméables ou reposant sur un terrain imperméable. Sans parler des terrains bourbeux ou marécageux proprement dits, au sujet desquels il ne peut y avoir de doute, on peut dire que les terrains qui ont le plus besoin de drainer présentent les caractères suivants, plus ou moins développés, seuls ou réunis, mais toujours assez faciles à reconnaître.

Ils sont couverts de flaques d'eau plusieurs jours après la pluie; les trous que l'on y creuse, même après une longue sécheresse, présentent des suintements d'eau; au printemps surtout, on y remarque des parties d'une teinte plus foncée que l'ensemble de la pièce; le matin, on y observe souvent des vapeurs abondantes.

La végétation, dans les terrains dont il s'agit, est languissante, peu hâtive, les tiges des plantes jaunissent, en partant du pied, longtemps avant la maturité; après quelques mois de jachère, la surface du sol se recouvre plus ou moins complétement d'une espèce de petite mousse; enfin, les joncs, les carex, les prêles, les renoncules, la laiche, les colchiques d'automne, etc. s'y rencontrent abondamment.

Ces caractères, lorsqu'ils sont très-prononcés, frappent l'œil le moins exercé; mais beaucoup de terrains auxquels le drainage est applicable avec avantage ne sont pas aussi faciles à reconnaître. Cependant, on n'insistera point davantage sur ce sujet; aucune description, quelque longue et minutieuse qu'elle soit, ne pouvant, à cet égard, remplacer des observations attentives et un peu d'expérience.

D'ailleurs, en visitant une terre, on ne saurait assez tenir compte des remarques de celui qui la cultive. Le plus simple ouvrier rural est souvent le meilleur guide à consulter, et l'on est étonné de l'exactitude de ses descriptions des effets de l'humidité, et de la précision avec laquelle il trace le périmètre des portions les plus nécessaires à drainer.

La détermination des terres qu'il est utile de drainer ne peut donc, en pratique, présenter aucune difficulté, même aux personnes qui débutent dans les travaux de ce genre; les indications des cultivateurs suffisent toujours pour signaler les points où se manifestent les inconvénients que le drainage fait disparaître. On n'insistera donc point davantage sur ce sujet.

D'après ce qui a été dit ci-dessus, les travaux de drainage consistent, en principe, à ouvrir des tranchées au fond desquelles on dépose des tuyaux, que l'on recouvre ensuite avec la terre extraite d'abord de la tranchée. Ces tuyaux doivent être disposés de manière à donner à l'eau surabondante, dont ils doivent débarrasser le sol, un écoulement facile. La première question qui se présente est donc de déterminer les directions, les pentes, la profondeur et les autres éléments d'établissement de ces lignes de drains.

Lorsque ces conditions générales d'établissement sont déterminées, il suffit, pour assurer le succès de l'opération, de procéder à l'exécution du travail, en suivant attentivement les méthodes que la pratique a sanctionnées.

Enfin, comme il n'existe pas encore de fabriques de tuyaux dans tous nos départements, il est souvent nécessaire que les personnes qui veulent diriger des drainages s'occupent aussi d'organiser la fabrication des tuyaux, qui forme, cependant, une industrie spéciale annexe de celle du briquetier-tuilier.

Ces instructions ont donc été partagées en trois parties :

La première est consacrée à l'exposition des principes généraux des tracés de drainage.

La seconde est un résumé des procédés d'exécution des travaux.

La troisième, enfin, indique le mode de fabrication des tuyaux.

# PREMIÈRE PARTIE.

## TRACÉ DU DRAINAGE.

---

## CHAPITRE I.

### NIVELLEMENT ET LEVÉ DU PLAN.

Ces instructions, comme l'indique leur titre, s'adressent à des personnes familiarisées avec la pratique des procédés de levé de plans et de nivellement. Il ne saurait donc entrer dans notre cadre de décrire les instruments qui servent à exécuter ces opérations élémentaires. Mais il convient d'indiquer la méthode qu'une longue expérience a fait reconnaître comme la plus facile, la plus rapide et la plus sûre pour l'étude d'un terrain, au point de vue spécial d'un travail de drainage ou d'irrigation. L'emploi des plans cotés ou des profils en travers, ordinairement employés dans le service des ponts et chaussées, permet assurément de dresser un projet de drainage; mais cette méthode exige que l'on calcule et que l'on rapporte des nivellements, et, tout en demandant infiniment plus de travail préparatoire que celle des plans à courbes de niveau que nous recommandons, elle rend beaucoup plus difficile et beaucoup moins certain le tracé du projet de drainage.

*Jalonnage.*  Pour lever par courbes horizontales un terrain à drainer, voici comment il convient de procéder:

On fait tracer sur le terrain de forme quelconque, A B C D E F (fig. 1), avec des jalons et

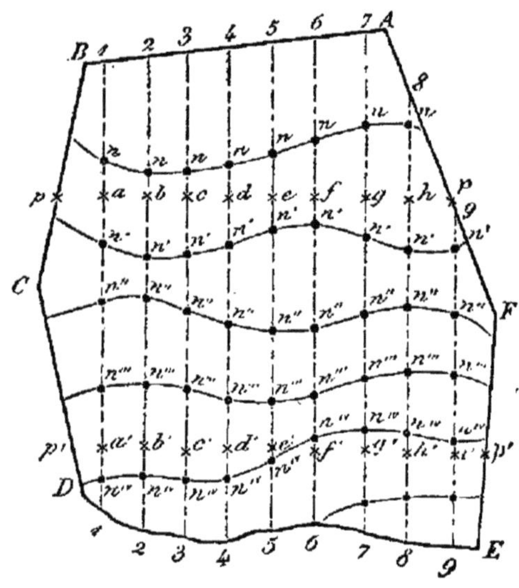



FIG. 1.

Levé et nivellement d'un terrain.

dans une direction arbitraire, mais qu'il convient de choisir suivant la pente générale du sol, une série de parallèles équidistantes 1, 1 ; 2, 2 ; 3, 3 ; . . . etc. Ces lignes peuvent être espacées de 50 mètres les unes des autres dans un terrain très-régulier:

on les rapprocherait beaucoup plus dans un terrain très-accidenté.

Le placement de ces jalons est on ne peut plus facile : on trace au hasard l'une des lignes, 4, 4, par exemple ; puis, avec une équerre d'arpenteur, on fait placer perpendiculairement à sa direction, et à une distance quelconque, les jalons $p$, $p$, $p'$, $p'$, qui déterminent deux lignes sur chacune desquelles on mesure avec la chaîne des longueurs égales entre elles et à l'espacement que l'on veut mettre entre les parallèles. A chacun des points $a$, $b$, $c$, $d$, . . ., $a'$, $b'$, $c'$, $d'$, . . ., déterminés par ces chaînages, on met un jalon ; ces jalons appartiennent, deux à deux, aux lignes cherchées 1, $a$, $a'$, 1 ; 2, $b$, $b'$, 2 ; 3, $c$, $c'$, 3 ; . . . 5, $e$, $e'$, 5, et ainsi de suite, et permettent de les compléter rapidement, en servant de guide, au besoin, pour le placement de quelques autres jalons.

Ce premier travail est si simple, qu'il suffit d'opérer une fois devant des enfants de seize à dix-huit ans, ou devant les ouvriers les moins intelligents, pour qu'ils s'en acquittent ensuite parfaitement bien.

Lorsque les lignes de jalons sont ainsi disposées, le niveleur, muni d'un niveau d'eau, ou mieux d'un niveau à bulle et à lunette, se place dans un point tel qu'il puisse embrasser le plus grand espace possible d'une seule visée ; puis, il fait placer son porte-mire en un point $n$ de la ligne 1, 1, par exemple, rattaché au point fixe pris pour repère de nivellement, et placé dans la partie la plus haute de cette ligne. Le porte-mire, après avoir *très-solidement fixé* le voyant de la mire, place en ce point un jalon facile à distinguer des autres par la couleur du papier placé à sa tête ou par tout autre signe ; il se transporte alors sur la ligne 2, 2, et monte ou descend sur cette ligne, suivant les indications de l'opérateur, jusqu'à ce que le voyant de la mire se trouve de nouveau dans la ligne de visée du niveau, qui n'a pas dû être déplacé.

Le point $n$ de la ligne 2, 2 ainsi déterminé est, évidemment, à la même hauteur que le premier point $n$ de la ligne 1, 1. Le porte-mire y place un jalon semblable à celui qu'il a mis à ce dernier point ; puis, il se transporte sur la ligne 3, 3, toujours sans changer le voyant, et détermine sur cette ligne un nouveau point situé au même niveau que les deux premiers ; il continue de la même manière pour les autres lignes. Tous ces points $n$ se trouvent à une même hauteur, que nous supposerons, pour fixer les idées, à 15 mètres, par exemple, au-dessus du plan pris pour terme de comparaison.

Lorsqu'il a été ainsi déterminé un point $n$ sur

toutes les lignes d'opération, on élève (puisqu'on
a supposé que l'on avait commencé par le haut de
la pièce) le voyant de la mire de l'intervalle que
l'on veut mettre entre les plans horizontaux d'opération, soit de $0^m,50$, et l'on détermine, toujours
sans changer le niveau de place, une nouvelle série
de points $n'$ placés dans un plan inférieur de $0^m,50$
au plan des points $n$, c'est-à-dire à $15^m - 0^m,50$
ou $14^m,50$ au-dessus du plan de comparaison.
Puis, on élève de nouveau le voyant de la mire
de $0^m,50$, et on détermine une nouvelle série de
points $n''$, qui se trouvent à la cote $15^m - 0^m,5 -$
$0^m,5 = 14^m$ au-dessus du plan de comparaison, et
ainsi de suite.

En joignant par la pensée les points $n, n, \ldots,$
$n', n' \ldots, n'', n'' \ldots,$ par des lignes tracées à la
surface du sol, il est clair que ces lignes représentent l'intersection du terrain par des plans
horizontaux équidistants. Ces lignes sont ce que
l'on appelle les *horizontales du terrain*.

Pour simplifier l'explication, on a supposé que
l'on pouvait d'une seule station du niveau apercevoir et déterminer tous les points $n, n \ldots n', n' \ldots$
$n'', n'' \ldots$ etc.; c'est, en effet, dans la pratique,
le cas le plus ordinaire. Les terrains en culture
sont généralement peu accidentés et complète-
tement découverts, et l'on peut presque toujours,
avec un niveau à bulle et à lunette, niveler,

d'une seule station, une pièce de 5 ou 6 hectares.

Le déplacement du niveau, s'il était nécessaire, ne serait pas, du reste, une difficulté pour les personnes qui se sont rendu compte des opérations de nivellement. Il est clair que s'il fallait déplacer le niveau, soit pour passer d'un point d'une courbe horizontale à un autre point de la même courbe, soit pour passer d'une série de points de niveau à la série suivante inférieure ou supérieure, il suffirait de faire rester le porte-mire au dernier point déterminé, de déplacer le niveau, de ramener le voyant dans sa nouvelle ligne de visée, de le fixer solidement dans sa nouvelle position, et de continuer à opérer comme on l'aurait fait sans le déplacement de l'instrument et sans celui du voyant.

Levé.    Quand on a placé, en procédant comme on vient de l'indiquer, les séries de jalons $n$, $n$..., $n'$, $n'$..., $n''$, $n''$...., il ne reste plus, pour rapporter à la fois le plan et le nivellement sur le papier, qu'à chaîner sur la ligne 1, 1 les distances 1 $n$, $n\,n'$, $n'\,n''$, $n''\,n'''$, $n'''\,n''''$, $n''''$ 1; sur la ligne 2, 2, les distances 2 $n$.... $n''''$ 2; sur la ligne 3, 3, les distances 3 $n$.... $n''''$ 3, et ainsi de suite. On inscrit toutes ces distances sur une feuille de papier réglée d'avance pour représenter la position des lignes d'opération, ou même sur une feuille de papier quadrillée, pour que le plan se trouve immédiatement à l'échelle, et l'on a évidemment toutes les données nécessaires pour déterminer à la fois les points principaux du périmètre de la pièce et le tracé des horizontales du terrain. Il suffit, en effet, de reporter au bureau sur le papier les distances mesurées, et de joindre les points ainsi obtenus par des lignes.

L'échelle la plus commode et la plus ordinairement employée pour les études de détail d'opérations de drainage est celle de 1 millimètre pour 1 mètre $(0^m,001)$.

*Échelle.*

La distance verticale séparatrice des courbes de niveau doit être d'autant plus faible que le terrain est moins incliné. Il convient, dans les terrains réguliers, de déterminer l'écartement de ces courbes de telle sorte que leur distance en plan n'excède pas 20 à 30 mètres. En pratique, on les espace généralement entre elles, dans le sens vertical, de 1 mètre, de $0^m,50$ ou de $0^m,25$; il est très-rare qu'il soit utile de les rapprocher davantage; dans les terrains presque horizontaux, on se borne à prendre les cotes de quelques points et de l'origine des fossés d'écoulement.

*Écartement des horizontales.*

Les courbes horizontales sont tracées sur le

plan en lignes très-fines, avec de l'encre de Chine un peu pâle; chacune d'elles porte, écrite à l'encre, à ses deux extrémités et en un ou deux autres points de sa longueur, un chiffre indiquant sa hauteur au-dessus du plan général de comparaison adopté pour le nivellement.

Points remarquables à lever.

Inutile d'ajouter que, pour compléter l'opération dont il vient d'être parlé, il faut encore fixer la position des points remarquables, tels que fossés, haies, arbres, barrières, etc. qui ne seraient pas donnés par les lignes d'opération, et déterminer les cotes de niveau de quelques points remarquables du périmètre de la pièce qui se trouveraient éloignés des courbes, et, surtout, s'assurer que le point où l'on peut établir l'écoulement se trouve placé de manière à permettre, en effet, sans obstacle cet écoulement.

Facilité de l'opération.

On remarquera que la double opération du levé du plan et du nivellement, dont on vient d'expliquer la marche, n'exige l'inscription d'aucune cote, ne nécessite aucun calcul de rapport de profil, et qu'elle peut, dès lors, être confiée aux agents les moins expérimentés, pourvu qu'ils soient attentifs et capables de faire un chaînage.

On ne saurait assez vivement recommander de toujours procéder, avant toute opération de drainage, à un nivellement du terrain exécuté comme on vient de le dire : il n'y a pas un projet tracé directement sur le sol, comme on le fait souvent, qui ne puisse être amélioré par une étude de cabinet faite avec un plan nivelé. Ce travail, on le répète, est excessivement simple; il s'exécute avec une grande rapidité aussitôt qu'on en a bien compris la marche.

Un niveleur, avec un porte-mire et deux jalonneurs capables de chaîner, peut très-facilement lever et niveler par jour de 5 à 6 hectares au moins, dans un terrain ordinaire. Les entrepreneurs de nivellements en font beaucoup plus, et gagnent de très-fortes journées en se chargeant de ce travail à raison de 4 ou 5 francs par hectare, le rapport du plan compris. La plus légère amélioration de tracé couvre évidemment, et bien au delà, une aussi faible dépense.

Lorsque le plan du terrain à drainer a été levé, on peut procéder à la rédaction du projet de drainage, en se conformant aux règles générales exposées dans les chapitres suivants.

# CHAPITRE II.

### TRACÉ ET DIRECTION DES DRAINS.

*Définitions.* Un réseau de drainage se compose de tuyaux de divers calibres, dont il faut d'abord indiquer les noms.

On appelle petits drains, ou drains de dernier ordre, les tuyaux du plus petit diamètre et qui ne reçoivent, par embranchement, les eaux d'aucune autre ligne; les collecteurs de premier ordre, ou drains principaux de premier ordre, sont ceux qui reçoivent directement les eaux des petits drains; les collecteurs de deuxième ordre reçoivent les eaux des collecteurs de premier ordre; ceux de troisième ordre reçoivent les eaux des drains de deuxième ordre, et ainsi de suite.

*Principe du tracé.* La pesanteur est la force qui détermine l'écoulement de l'eau à travers les canaux capillaires, naturels ou artificiels, du massif de terre sur lequel doit agir un drain; le tracé des lignes de tranchées doit donc, avant tout, favoriser, autant que possible, l'action de cette force.

*Terrains* Lorsque le sol est sensiblement horizontal, la

direction des drains est, en elle-même, assez peu très-peu inclinés.
importante; il est indifférent qu'ils soient parallèles, perpendiculaires ou obliques à la direction
des sillons. Leur disposition dépend alors de la
position des canaux de décharge et des moyens
d'écoulement dont on dispose.

Mais quand le terrain est incliné, d'autres con- Terrains inclinés.
sidérations influent sur la position des drains; si
la pente est très-faible, on comprend que, pour
assurer l'écoulement de l'eau dans les tuyaux, il
faut les placer suivant la ligne de *plus grande
pente,* ligne qui est dirigée, comme on sait, perpendiculairement aux horizontales du terrain dé-
finies comme on l'a fait ci-dessus, page 21.

Plusieurs raisons conduisent, du reste, à adopter
la même règle pour toutes les inclinaisons du sol
qui ne dépassent pas $0^m,15$ à $0^m,20$ par mètre. Le
canal placé au fond d'une tranchée dirigée suivant
la ligne de plus grande pente se trouve, en effet,
symétriquement placé par rapport à la surface, et
fait sentir son action, dans un terrain homogène, à
égale distance à droite et à gauche. Il n'en est pas
de même quand le tracé s'écarte de la ligne de
plus grande pente : le drain agit entièrement du
côté où le terrain s'élève, mais son action se trouve
plus ou moins réduite du côté où le terrain descend, et peut même s'annuler presque complète-

3.

ment, comme il est facile de s'en convaincre à l'aide d'un dessin très-simple, quand le drain est perpendiculaire à la ligne de plus grande pente, et que le sol présente une déclivité très-prononcée.

Terrains
à couches
de
suintement.

Une autre observation moins générale que la précédente, mais cependant d'une application assez fréquente, indique qu'il convient de diriger les lignes de drains suivant la plus grande pente du terrain à assainir. Il existe, en effet, dans beaucoup de terrains, des veines plus perméables que l'ensemble de la terre, et qui, sans fournir de véritables sources, dénotent leur présence par de petits suintements; ces couches aquifères affleurent généralement la surface du sol suivant des lignes à peu près horizontales, elles changent son aspect et lui donnent souvent les plus mauvaises qualités.

Or, il arrivera nécessairement que des drains perpendiculaires à la ligne de plus grande pente, quel que soit d'ailleurs le soin apporté dans le choix de leur emplacement, ou ne rencontreront pas, comme en *a* (fig. 2), cette ligne d'eau, qui viendra, dès lors, perdre le sol en *b;* ou bien, poussés à leur profondeur normale, comme en *c*, ne couperont qu'en partie la veine d'eau; et alors la plus grande partie de ce liquide passera sous le drain et viendra affleurer le sol en *d*, etc. Si, au contraire, on trace les drains parallèlement à la ligne de plus grande pente, comme on le voit de *e* en *f*, ils rencontrent toutes les veines d'eau à un

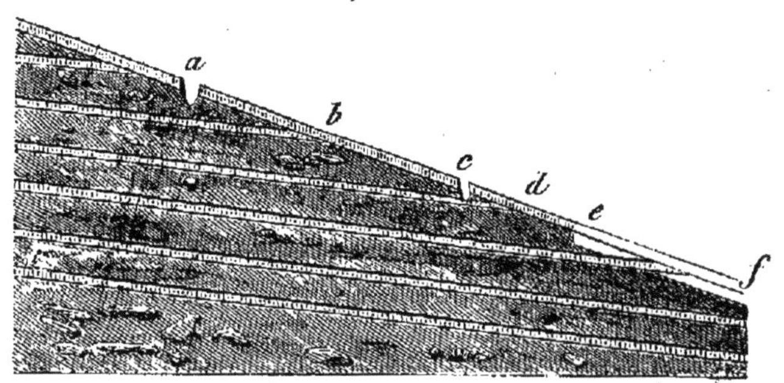

FIG. 2:

Terrain avec couches de suintement.

niveau inférieur à celui des anciens affleurements, et recueilleront successivement leurs produits, pour les conduire vers le canal de décharge.

On posera donc en principe qu'il faut diriger les petits drains suivant les lignes de plus grande pente du terrain. Cette règle est une limite dont il faut tendre à se rapprocher le plus possible, mais elle ne saurait évidemment être prise à la lettre et servilement suivie. Il est clair, en effet, qu'on ne peut pas, en pratique, se préoccuper des moindres inégalités du sol et suivre, avec une rigueur mathématique, les lignes de plus grande pente, presque toujours sinueuses et irrégulières. On veut dire seulement qu'il convient de tracer les petits drains, à moins que des motifs très-graves n'obligent à agir autrement, suivant des lignes droites les plus rapprochées possible de la direction moyenne et générale des lignes de plus grande pente de la partie de terrain que l'on considère.

Précisons davantage cette première indication générale : les petits drains peuvent se tracer d'une manière très-simple qui ne présente quelques difficultés que dans certains cas particuliers. Cette méthode consiste à décomposer le champ à drainer en plusieurs parties planes, et à tracer parallèlement les uns aux autres, à la distance reconnue nécessaire, et suivant la ligne de plus grande pente de chacune de ces parties planes, les drains de dernier ordre. Quand la direction des billons coïncide avec celle que nous venons d'indiquer, il convient de profiter des dépressions du terrain pour y établir les tranchées; on diminue ainsi un peu le cube des terrassements à exécuter : mais cette considération est très-secondaire et ne doit pas en faire négliger de plus importantes.

La reconnaissance exacte et rapide de ces parties planes est rendue extrêmement facile et rapide par l'examen des plans nivelés dont il a été parlé dans le chapitre précédent : il est évident, en effet, que les parties planes dans lesquelles doivent s'établir les groupes de petits drains sont celles où les horizontales du terrain sont à peu près rectilignes et parallèles entre elles.

Les nivellements généraux effectués sur le champ tout entier, et sur les fossés et rigoles qui peuvent servir à l'écoulement de ses eaux, feront connaître les points où l'on devra amener les branches des drains principaux.

Cette donnée, jointe à l'indication déjà obtenue de la position et de la direction des groupes principaux de petits drains, permet de tracer, sans grande difficulté, les directions des drains principaux; ils occupent ordinairement les thalwegs du terrain.

*Drains principaux.*

Aux points d'intersection des drains principaux des divers ordres, il est convenable de placer des regards, qui permettent d'observer facilement la manière dont l'écoulement a lieu dans les différents groupes de drains.

*Regards.*

Les drains de dernier ordre, de $0^m,030$ à $0^m,035$ de diamètre, ne doivent pas avoir, en général, plus de 250 à 350 mètres de longueur, et même moins si leur pente est très-faible, quand leur écartement n'excède pas les chiffres ordinairement adoptés.

*Longueur des drains.*

Cette limite, parfaitement vérifiée par la pratique, quand il ne s'agit pas, bien entendu, de terrains traversés par des eaux de source, s'accorde avec les indications du calcul, en admettant qu'il suffit qu'un drain puisse débarrasser le sol, en vingt-quatre heures, d'une couche d'eau de $0^m,01$ tombée sur l'étendue de terrain qu'il doit assainir.

Bouches des drains. — Les petits drains débouchent dans les drains principaux ou sous-principaux, et non directement dans le canal de décharge; il y a pour cela plusieurs raisons : les mauvaises herbes, les impuretés de toute sorte et les animaux peuvent obstruer facilement quelques-unes des bouches des drains. Il convient donc de réduire ces ouvertures à un petit nombre, plus facile à entretenir et à surveiller.

Raccordement des drains. — Les drains principaux sont établis à $0^m,04$ ou $0^m,05$ plus bas que les drains dont ils reçoivent les eaux; ceux-ci doivent se raccorder à angle aigu avec les premiers, dans le sens de l'écoulement. Il convient d'éviter la rencontre de deux lignes de drains vis-à-vis l'une de l'autre dans le même drain principal.

La rencontre des petits drains et des maîtres-drains doit avoir lieu, comme on vient de le dire, sous un angle aigu; mais il ne faut pas qu'il soit trop aigu, parce qu'alors on allonge inutilement la longueur des drains à ouvrir, en les rapprochant le long des collecteurs. Un angle de 60° est celui dont il faut chercher à se rapprocher; il réduit autant que possible la longueur des drains, tout en assurant aux filets liquides un écoulement suffisamment facile. La rencontre sous un angle droit est cependant encore acceptable; mais, dans aucun cas, on ne doit tracer les drains de telle sorte que les filets liquides se dirigent en sens contraire.

Si, dans un cas tout exceptionnel, la disposition des lieux obligeait à donner aux petits drains une pareille direction, on infléchirait par une courbe leurs extrémités, de manière à leur faire rencontrer le collecteur sous un angle aigu dans le sens de l'écoulement.

Il est nécessaire d'établir un drain principal, de $0^m,04$ à $0^m,06$ de diamètre, pour recevoir le produit des petits drains de 2 ou 4 hectares, sauf à réunir plusieurs de ces drains principaux dans un maître-drain, qui fait alors fonction de conduite et mène les eaux dans le canal de décharge.

On garnit d'ailleurs l'extrémité des maîtres-drains, au point où ils débouchent dans les ruisseaux ou canaux de décharge, d'une petite grille en fer qui s'oppose à l'introduction des rats d'eau, ou des mauvaises herbes que la malveillance pourrait y enfoncer. Cette grille en fer et la petite maçonnerie dans laquelle on l'engage forment ce qu'on appelle une *bouche*. On doit éviter, autant que possible, de multiplier ces bouches, pour en faciliter la surveillance, et parce que l'eau, y conservant toujours plus de force, enlève bien plus facilement les obstacles qui pourraient s'y réunir.

*Courbes.*     On a dit ci-dessus qu'il fallait tracer les drains en ligne droite. C'est dans les coudes, en effet, que se produisent le plus facilement les dérangements et les obstructions, mais il est clair que l'on ne peut pas toujours observer cette règle dans le tracé des collecteurs. On doit alors employer des courbes de 5 à 6 mètres de rayon au moins, et augmenter un peu la pente dans ces parties du tracé; si la disposition des lieux ne permet pas de tracer une courbe aussi allongée, il est convenable de la remplacer par un regard.

*Tracés exceptionnels.*     Les petits drains sont, en général, tracés par groupes de lignes parallèles; mais, dans quelques cas particuliers, on peut avec avantage les disposer en éventail. Ainsi, par exemple, si le haut d'une pièce est plus sec que le bas, et qu'elle présente en même temps une forme concave, on peut très-bien écarter davantage les drains à la partie supérieure du champ qu'à sa partie inférieure; toutefois, il convient d'être très-réservé dans l'emploi de ces tracés exceptionnels, qui peuvent conduire à des mécomptes sérieux dans les mains de personnes peu exercées.

Outre les drains de dernier ordre tracés par groupes de lignes parallèles, suivant la plus grande pente générale du terrain, il existe souvent dans les pièces de terre de petits drains isolés dirigés tout autrement par rapport à la pente; ce sont les *drains de ceinture*. Drains de ceinture

Ces drains suivent, en général, le périmètre des parties drainées; leur fonction est d'arrêter les eaux provenant d'infiltrations supérieures. Ils se placent surtout dans les parties hautes des pièces de terre dominées par des terrains plus élevés, d'où l'on peut craindre de voir arriver des eaux abondantes.

Les drains de ceinture ne doivent pas avoir de trop grandes longueurs; il convient, en général, de les faire communiquer tous les 40 ou 50 mètres, au plus, avec un drain ordinaire. Les petits drains compris entre ceux qui reçoivent les eaux du drain de ceinture s'arrêtent à une distance de celui-ci égale, à peu près, à la moitié de leur écartement.

Les racines des bois tendres, et même de quelques bois durs, tendent à s'introduire dans les drains; Obstruction par les racines.

elles y développent un chevelu abondant qui, en peu de temps, obstrue complétement les tuyaux de terre cuite. La présence des bois de cette espèce apporte souvent au drainage de très-grands obstacles; on ne doit jamais placer de drains à moins de 15 ou 20 mètres d'arbres à bois blancs. Cette distance même est souvent insuffisante, et le plus sûr moyen, quand on ne peut pas déraciner les arbres, est d'avoir recours à un drain de défense empierré (voyez 2ᵉ partie, chap. V).



On ne multipliera pas davantage ces indications générales, nécessairement un peu vagues, puisqu'elles doivent varier dans leurs applications à chaque cas particulier. Quelques exemples feront mieux comprendre que de longues explications dans quel esprit on doit appliquer les règles précédentes, et dans quelles limites il faut s'astreindre à leur observation. On le répète, du reste, on ne trouvera ici que la solution de cas tout à fait ordinaires; c'est à une étude attentive et aux ouvrages spéciaux qu'il faut demander la solution des cas exceptionnels.

La figure 3 est le plan d'un champ de 4ʰ,4 environ, présentant une inclinaison assez faible, dirigée dans le sens des petits drains, espacés à peu près de 9 mètres les uns des autres. Ces drains débouchent dans les maîtres-drains *ab*, *bc*, *cd*,

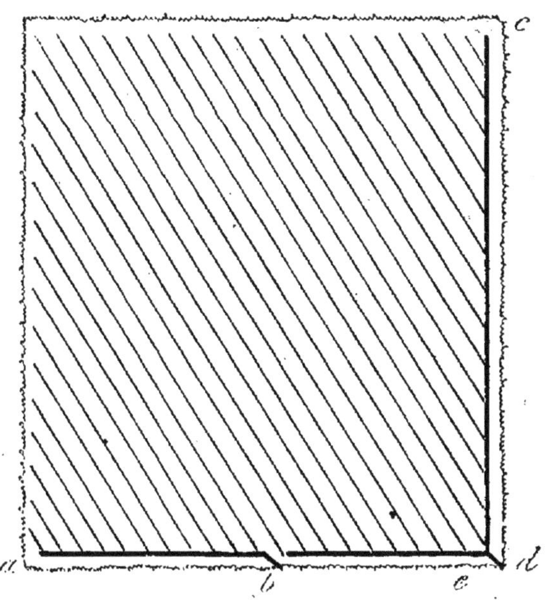

FIG. 3.

Exemple d'un champ drai

(Échelle de 0,00025.)

qui communiquent en *b* et en *d* avec le canal de décharge.

Le terrain du champ de la figure 4 présente deux inclinaisons différentes, parallèlement à chacune desquelles sont disposés les drains de dernier ordre. Le maître-drain *abc* communique en *c* avec le canal de décharge; il est établi, dans la partie *ab* de sa longueur, dans le pli de terrain formé par l'intersection des deux directions générales de la surface du sol.

Lorsque la longueur d'un champ à drainer, dans

4

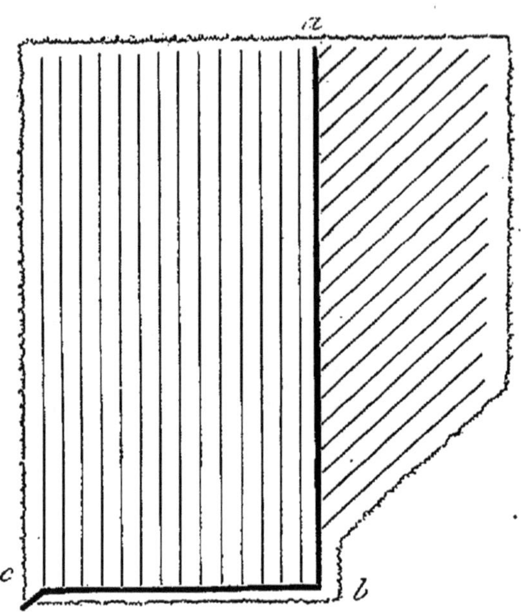



FIG. 4.

Exemple d'un champ drainé.

(Échelle de 0,00025.)

le sens de sa pente générale, est supérieure à la longueur qu'il convient de donner aux files de drains de dernier ordre, on peut adopter la disposition indiquée fig. 5, et que l'on rencontre assez souvent. Les gros traits, dans cette figure comme dans les précédentes et les suivantes, indiquent la position des maîtres-drains, et les lignes fines les files de tuyaux de dernier ordre; les bouches des maîtres-drains, dans le canal de décharge, sont établis en *a* et *b*.

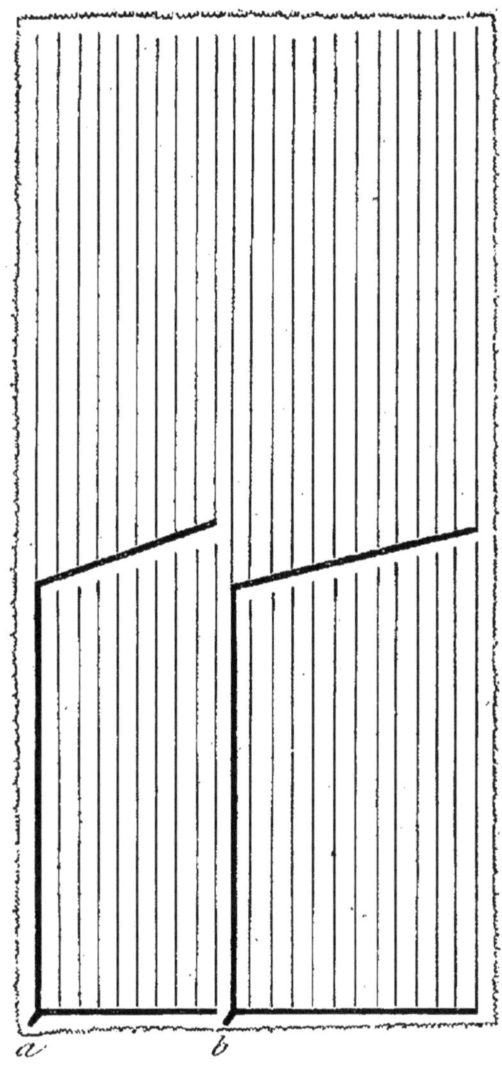



Fig. 5.

Exemple d'un champ drainé.

(Échelle de o,ooo25.)

La figure 6 n'exige aucune explication, après ce

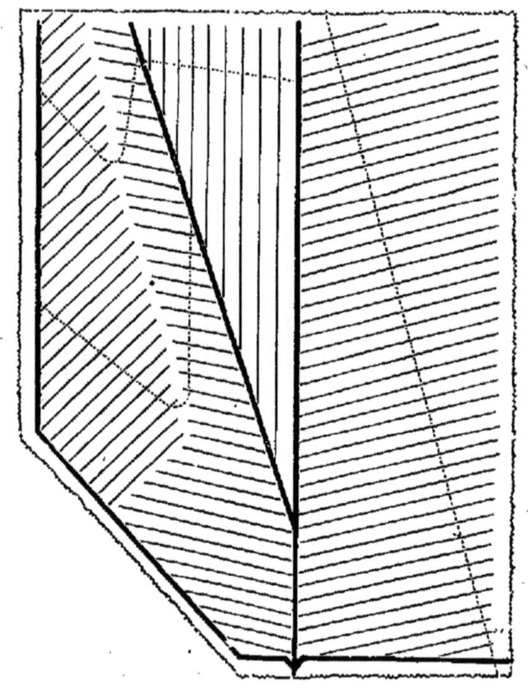



Exemple d'un champ drainé.

(Échelle de 0,00025.)

qui précède. Les drains de dernier ordre sont
toujours parallèles, ou à peu près, aux lignes de
plus grande pente des portions de terrain qu'ils
assainissent, ou perpendiculaires aux horizontales
du terrain, figurées par des lignes pointillées dans
cette figure.

La figure 7 est le plan de l'une des pièces de
la ferme de Crèvecœur, département du Nord;
son étendue considérable, et la forme accidentée

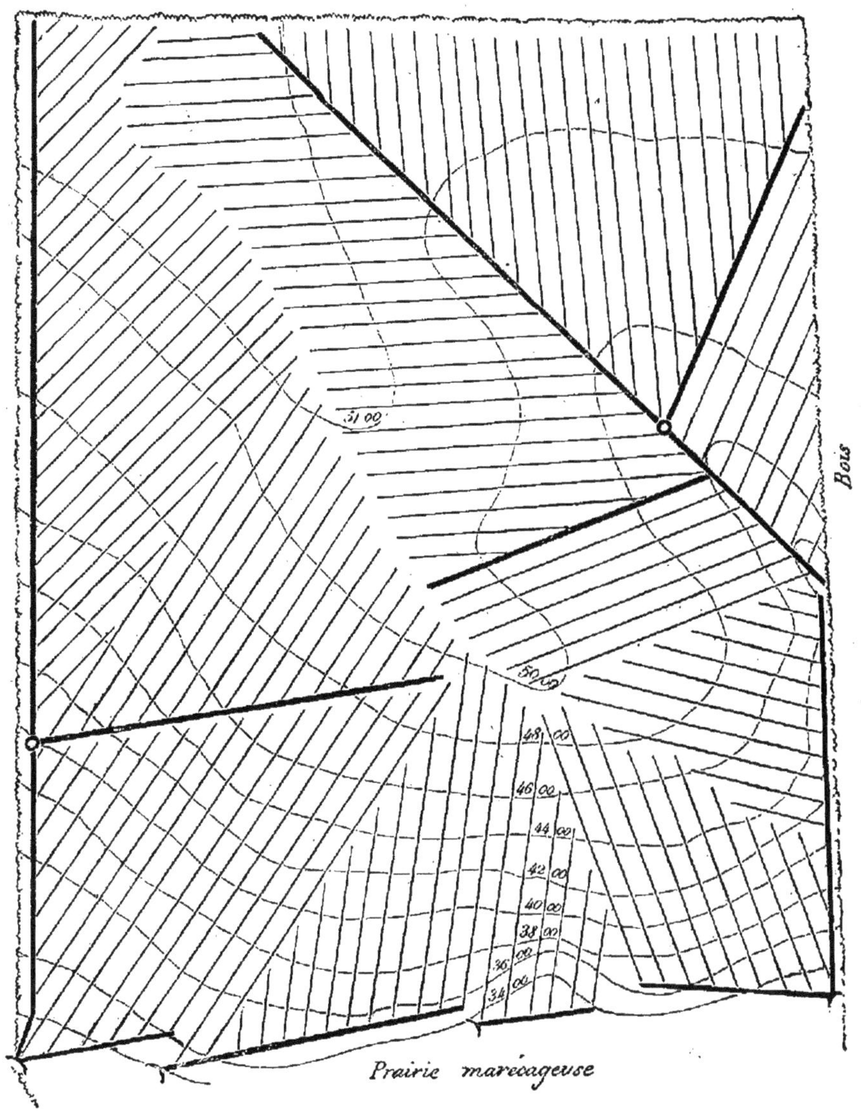


**Fɪɢ. 7.**

Plan d'une pièce drainée dépendant de la ferme de Crèvecœur.

(Échelle de 0,00025.)

de sa surface, bien indiquée par les courbes de

niveau tracées sur la figure, expliquent la disposition un peu compliquée du réseau d'assainissement de ce terrain. Les croissants placés à l'extrémité des drains indiquent la position des bouches. Les regards placés à l'intersection des drains collecteurs sont figurés par un petit rond. Enfin, les chiffres inscrits auprès des courbes de niveau

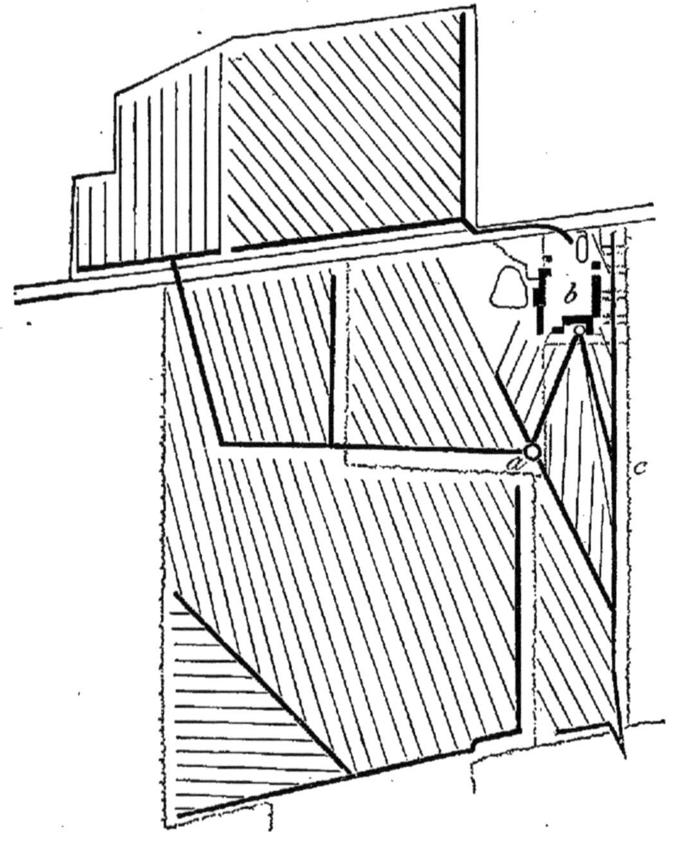


FIG. 8.

Drainage d'une partie de la ferme de Crèvecœur.
(Échelle de 0,00017.)

expriment leur hauteur au-dessus du plan général de nivellement de toute la ferme. Ces courbes de niveau ont été levées de mètre en mètre; mais, pour simplifier la figure, on en a supprimé près de la moitié dans le croquis ci-dessus.

La figure 8 offre un autre exemple de drainage emprunté à la même ferme que le précédent. L'eau de drainage d'une partie du terrain situé au-dessus du chemin alimente l'abreuvoir de la cour de la ferme; le puits *b* de la ferme est également alimenté par l'eau de drainage conduite par le tuyau *ab*; l'eau en excès sort par le tuyau *bc*, qui sert de trop plein. Un regard placé en *a* permettrait, au besoin, d'empêcher les eaux de se rendre dans le puits *b* et les dirigerait en ligne droite vers le drain général d'écoulement.

Les dispositions générales du drainage de l'ancien étang de Chevrier (département du Cher) sont représentées par la figure 9.

Les eaux recueillies par les lignes de drains sont amenées dans le canal principal de décharge, qui traverse cette pièce sur une longueur de 1,200 mètres environ. Les points marqués de croix + indiquent l'emplacement de *drainages verticaux* (1^re partie, chap. VI).

Une partie des eaux de sources étaient incrustantes et ont nécessité la construction de regards d'une forme particulière.

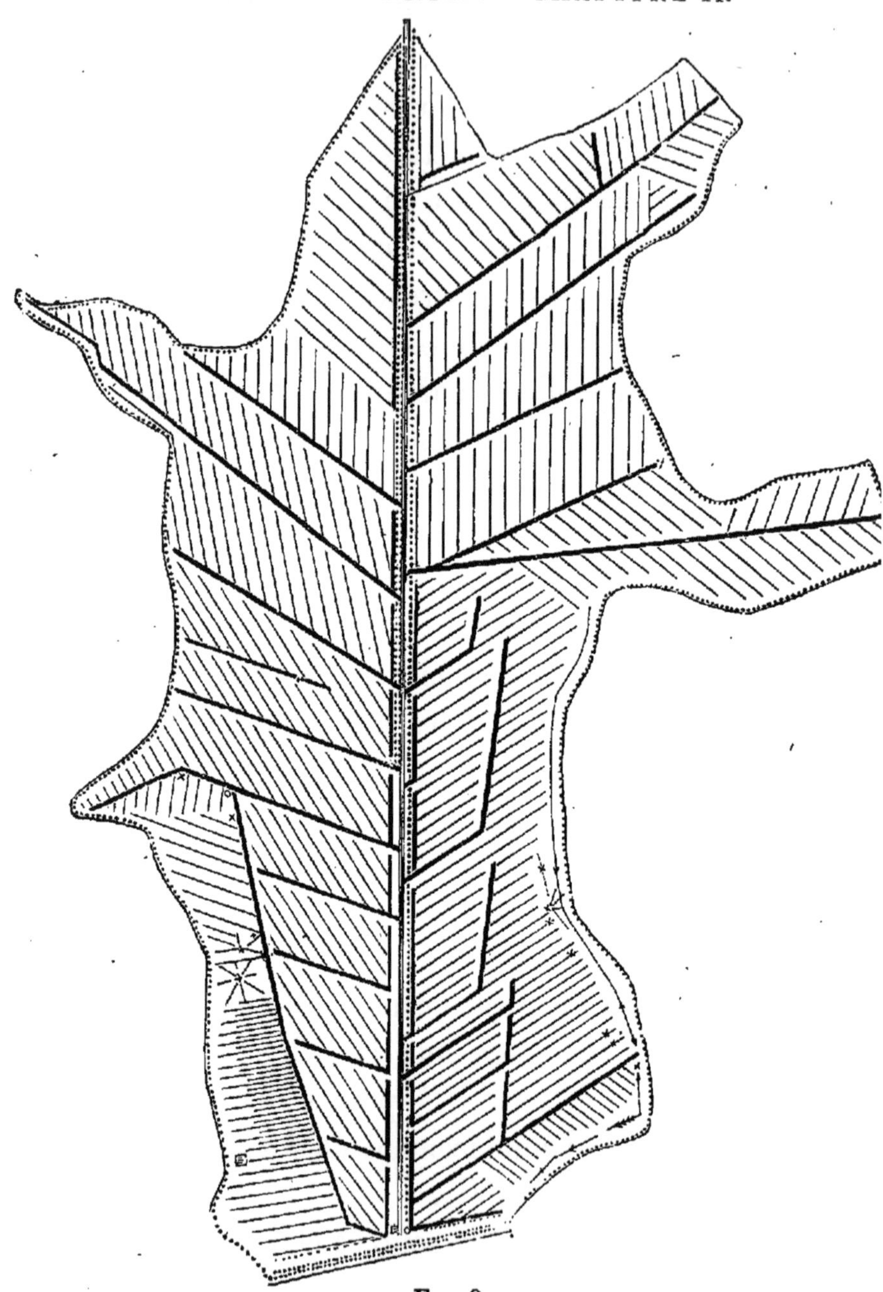

FIG. 9.
Plan de drainage de l'étang de Chevrier.
(Échelle de 0,0001.)

Les lignes ponctuées.... sont des drains de défense contre les racines des peupliers qui bordent l'ancienne digue de l'étang.

Ce terrain, de 60 hectares environ, est presque horizontal : la pente d'une partie des drains n'excède pas $0^m,002$ par mètre, et n'a pu être obtenue qu'en augmentant leur profondeur de l'origine à l'extrémité.

La figure 10, page suivante, peut donner une idée du projet général de drainage du camp de Satory, près de Versailles, d'une superficie de 157 hectares environ, dont 10 hectares ont été déjà drainés avec succès.

Les eaux sont reçues dans l'aqueduc de Trappes, qui longe le côté droit de la figure.

La petitesse de l'échelle a rendu nécessaire, dans le dessin, la suppression d'une partie des petits drains et des courbes de niveau, ainsi que plusieurs détails intéressants, sans lesquels il serait impossible d'étudier et de discuter sérieusement ce projet important.

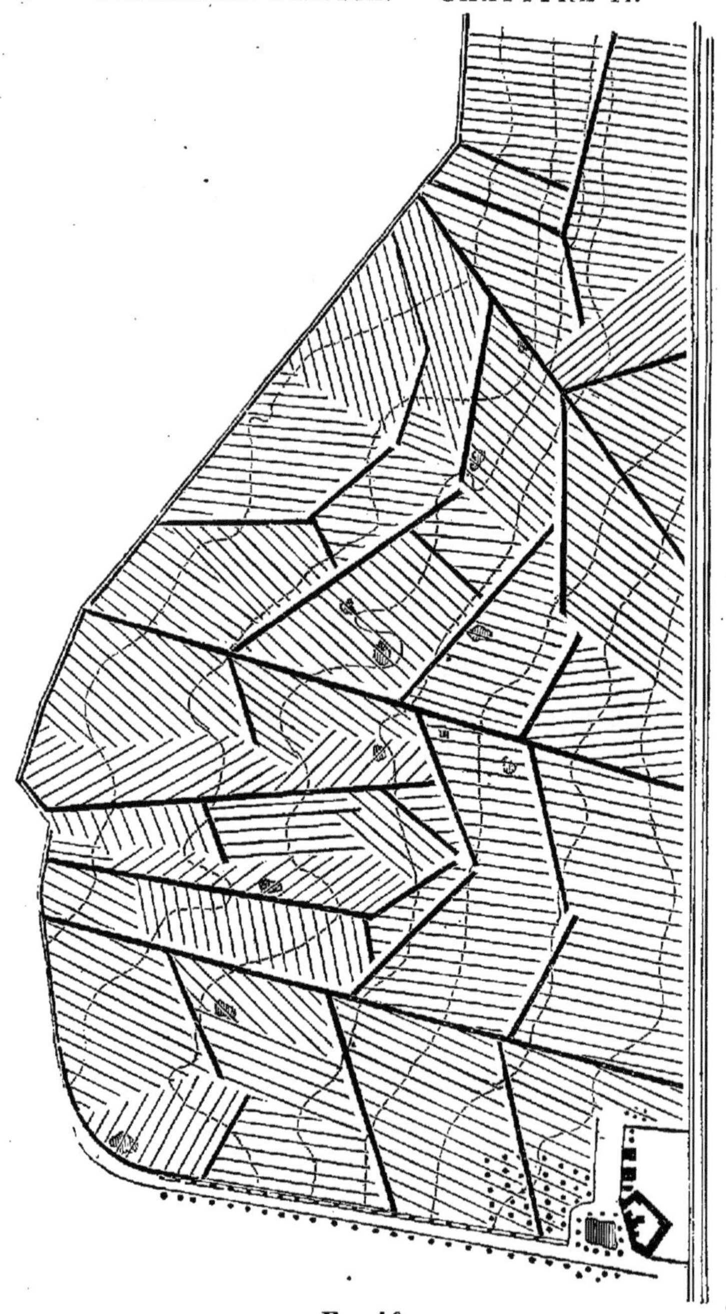

**Fig. 10.**

Plan de drainage du camp de Satory.

(Échelle de 0,000066.)

# CHAPITRE III.

## PROFONDEUR DES DRAINS.

La profondeur et l'écartement des drains sont deux quantités corrélatives l'une de l'autre, qui dépendent de la nature du sol et d'une foule de circonstances dont l'appréciation est fort délicate, et encore, il faut bien le dire, assez incertaine. On se bornera donc à indiquer ici les règles consacrées par l'expérience pour les cas ordinaires de la pratique.



La profondeur la plus convenable à donner aux drains pour qu'ils enlèvent toute l'eau surabondante, et abaissent en même temps assez le plan de l'eau stagnante pour qu'elle ne puisse pas remonter jusqu'aux racines, ou même à la surface du sol, par l'action de la capillarité, est comprise entre $0^m,90$ et $1^m,30$; elle suffit, dans les cas ordinaires, pour atteindre ce double but.



En principe, on adopte pour les petits drains une profondeur de $1^m,20$; mais il doit être bien entendu que cette règle, comme les précédentes, n'est pas absolue. Il ne faut point, évidemment, vouloir l'appliquer au centimètre près, et tenir compte des petites inégalités du terrain, en faisant suivre exactement au fond de la tranchée une ligne parallèle à toutes les ondulations de la surface. On verra, au contraire (chap. IV), que la pente du drain doit être uniforme, ce qui implique nécessairement, en général, des profondeurs un peu variables. La profondeur de $1^m,20$ est donc une moyenne dans la longueur de chaque drain, dont il convient de s'écarter le moins possible, et dont, en effet, on ne s'écarte pas sensiblement dans les terrains réguliers et égalisés par une longue culture.

Profondeur des collecteurs. Les maîtres-drains sont de quelques centimètres plus profonds que les petits drains; cette différence de profondeur est égale à la différence de diamètre des tuyaux employés, de manière que les arêtes supérieures de tous les tuyaux soient, à leur point de réunion, dans un même plan.

Profondeurs exceptionnelles. La disposition des lieux oblige quelquefois à augmenter beaucoup la profondeur de certains drains, pour franchir une partie haute et atteindre les points d'écoulement. Une étude très-attentive permet presque toujours d'éluder ces difficultés exceptionnelles, mais cependant elles ne doivent pas arrêter quand elles se présentent. On peut, dans ces circonstances, avoir à placer des drains collecteurs à une profondeur qui atteint $2^m,50$ et même 3 mètres. A moins de travaux très-importants par l'étendue de la surface à laquelle ils s'étendent, on ne doit pas dépasser cette profondeur. Quand on est obligé de le faire, il convient de recourir à l'expérience d'un constructeur de profession; les précautions à prendre pour la fouille et l'établissement du conduit ne sont plus alors de la compétence des ouvriers draineurs ordinaires.

Il arrive plus souvent encore que l'on est obligé de réduire la profondeur des drains, par suite du défaut d'abaissement des eaux dans le canal de décharge. Dans ce cas, il faut, par tous les moyens, chercher à abaisser le plan d'eau et s'efforcer d'appliquer à la plus faible surface possible de la pièce les profondeurs réduites.

Dans les terrains à peu près horizontaux, on ne peut donner aux drains la pente nécessaire qu'en faisant décroître leur profondeur de l'aval vers l'amont. On se trouve encore conduit, dans ce cas, à faire descendre la profondeur à l'origine des drains au-dessous du chiffre de $1^m,20$; par contre, on l'augmente un peu à la partie inférieure, si l'écoulement est facile.

Certaines circonstances particulières, qu'il convient maintenant d'examiner, peuvent encore con-

Terrains<br>spéciaux.

duire à l'adoption d'une profondeur différente de celle qui vient d'être indiquée comme la profondeur normale d'un drainage bien fait.

Quand on opère dans un sol poreux, avec sous-sol saturé d'eau parce qu'il repose sur une couche imperméable, il faut, autant que possible, pousser la tranchée à une profondeur suffisante pour poser le tuyau sur la couche imperméable elle-même. Dans les sols très-poreux, en effet, il est démontré que l'action d'un drain s'étend d'autant plus loin que sa profondeur est plus considérable; le plus grand écartement des lignes de drains compense alors l'accroissement de dépense résultant de leur plus grande profondeur.

Il arrive fréquemment, dans les sols argileux, qu'il existe, à une certaine distance de la surface, une couche aquifère composée de matériaux très-poreux. Si cette couche n'est pas à plus de $1^m,5o$ ou $1^m,8o$ de la surface, elle pourra devenir un excellent auxiliaire du drainage. En poussant, en effet, jusqu'à cette couche un moindre nombre de drains que cela ne serait nécessaire en général, cette couche formera un vaste déchargeoir des eaux de toute la surface.

Dans le drainage des tourbières peu profondes, il faut toujours pousser les canaux jusqu'au terrain solide, car la tourbe forme une très-mauvaise fondation pour les tuyaux de drainage.

Dans les tourbières, il faut, de plus, avoir toujours le soin de poser les drains plus profondément qu'on ne veut les établir d'une manière définitive, parce que les terrains de cette espèce éprouvent, par la dessiccation, un tassement considérable, qui va souvent jusqu'à 1/5 ou 1/6 de leur épaisseur primitive.

Du reste, avant d'entreprendre une opération de drainage, on doit toujours ouvrir, dans chaque champ, une ou deux *tranchées d'essai,* poussées à des profondeurs successivement croissantes jusqu'à 2 mètres au moins.

Tranchées<br>d'essai.

On étudie attentivement ces tranchées pendant quelque temps, afin de se rendre compte de la stratification du sol, de la manière dont l'eau se réunit dans chaque partie, etc. Pour rendre les observations faciles, il convient de les faire de très-grand matin, avant que la chaleur du jour ait fait évaporer l'eau des surfaces. Il convient aussi, pendant la durée de cette expérience, de couvrir avec des paillassons une partie de l'ouverture de la tranchée, pour empêcher une dessiccation trop rapide. L'étude attentive des tranchées permet facilement de reconnaître, quand elles existent, les veines poreuses dans lesquelles l'eau se rassemble plus abondamment.

Quand on peut laisser la tranchée ouverte pen-

5.

dant un hiver, on constate facilement, au printemps ou au commencement de l'été, l'existence des bancs absolument imperméables. Dans ces points, la terre n'a point changé d'aspect; on n'y aperçoit, même à la loupe, aucune fissure produite par le retrait de la matière. Ces terrains sont extrêmement rares; je n'en ai observé que dans trois ou quatre circonstances. Mais, quand on les rencontre, il est bien évident qu'il ne faut pas placer au-dessous de ces couches les tuyaux de drainage, qui perdraient ainsi la plus grande partie de leur efficacité.

Sondages d'essai.

Lorsque l'on veut étudier en détail la constitution d'un sol à drainer, sans cependant multiplier outre mesure les tranchées et les trous d'essai, on se sert d'une petite sonde à main, dite sonde de Palissy, fig. 11.

Cette sonde pèse environ 4 kilogrammes; on la manœuvre à peu près comme une tarière. On l'enfonce de $0^m,40$ environ; on la retire pour examiner la nature du sol; puis, on l'enfonce encore de $0^m,40$ environ, et l'on continue ainsi jusqu'à la profondeur de $1^m,80$, qu'elle atteint facilement. Avant de commencer chaque sondage, on tasse fortement le sol à la place où l'on doit opérer, pour que la terre se maintienne à l'entrée du trou. Si l'on rencontre une pierre ou un

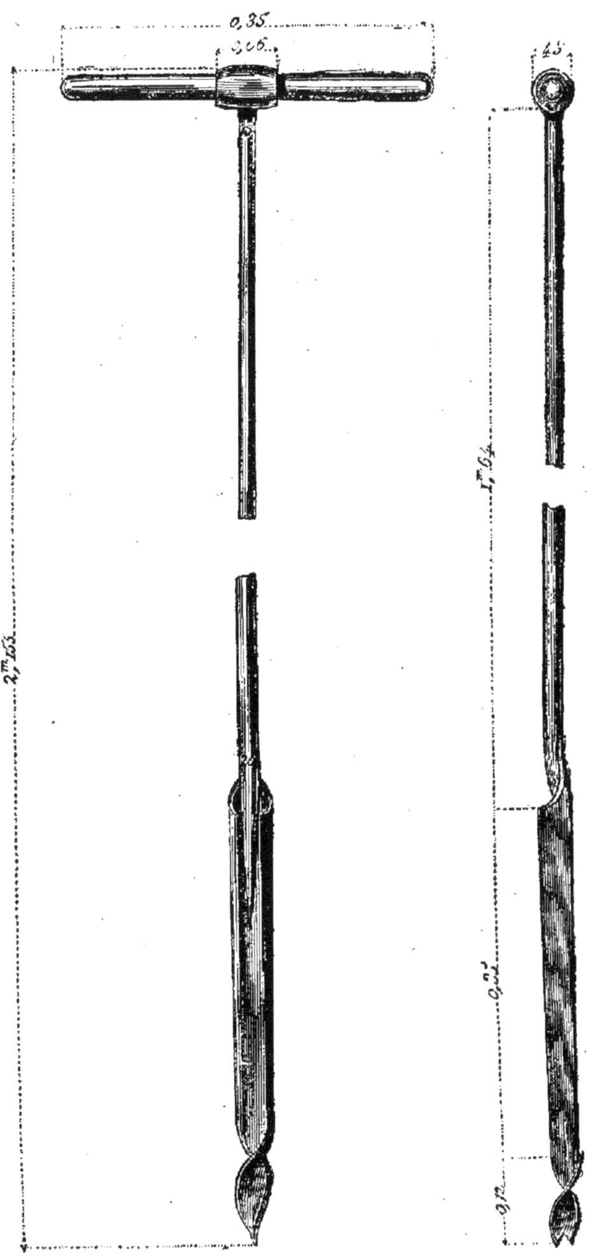



Fig. 11.
Sonde de Palissy.
(Échelle de 0,10.)

obstacle, on recommence le trou quelques centimètres plus loin. Chaque sondage emploie dix à quinze minutes.

Pour bien juger de la nature des échantillons que la sonde rapporte, et qui sont toujours un peu altérés, on doit faire une première opération tout auprès d'une tranchée, afin d'obtenir des termes précis de comparaison. L'emploi de cette petite sonde exige une certaine habitude, et nous n'en recommandons l'usage que sous toutes réserves.

De ces différentes espèces d'observations, on conclut facilement, avec un peu d'habitude, la profondeur qu'il convient d'adopter d'une manière définitive, pour que les tranchées à ouvrir produisent le plus grand effet utile possible avec la moindre dépense relative.

Du reste, on répétera encore ici que toutes les fois qu'il se présentera quelque circonstance faisant supposer qu'il convient de s'écarter des dispositions normales, il faudra recourir aux ouvrages spéciaux sur la matière, celui-ci n'indiquant que les cas les plus ordinaires.

La détermination de la meilleure profondeur à donner aux drains est de beaucoup le point le plus difficile d'un projet de drainage, celui qui exige le plus d'expérience et de coup d'œil; celui, par conséquent, qu'il est le moins facile de préciser par écrit. On réussit toujours, quand le travail est bien fait d'ailleurs, avec la profondeur normale de $1^m,20$; mais il est bien certain que l'on pourrait souvent réaliser des économies et atteindre le même but, surtout dans les terrains peu homogènes, par une étude détaillée de la stratification du sol. On ne saurait donc assez recommander aux personnes qui veulent s'occuper de drainage l'examen attentif, répété et minutieux, des tranchées d'essai et de tous les terrains dans lesquels elles auront occasion de faire des fouilles.

# CHAPITRE IV.

### PENTE DES DRAINS.

Pentes limites.

On donne aux drains, en général, la pente même du terrain. La facilité avec laquelle l'eau s'écoule dans les tuyaux en poterie permet de leur donner une pente longitudinale beaucoup plus faible que celle qui est nécessaire aux drains empierrés. Une pente de 2 millimètres, et même de $0^m,001$ par mètre, suffit, à la rigueur, pour les files de tuyaux; elle ne doit pas être inférieure à 5 ou 6 millimètres dans les autres espèces de conduits.

D'un autre côté, il faut éviter de donner aux drains une pente assez considérable pour que la vitesse de l'eau puisse dégrader les matériaux employés à la construction des conduits.

Chutes.

Quand la pente du terrain est assez forte pour que cette circonstance se présente, on partage chaque conduite en une série de lignes à faible déclivité raccordées par des chutes. Dans cette circonstance et dans quelques autres, on est donc obligé de faire communiquer entre elles deux lignes de conduites établies à des niveaux différents. Le raccordement peut s'établir au moyen de tuyaux inclinés à 45°, et solidement fixés à leurs extrémités dans un petit massif en pierrailles ou en maçonnerie. Quand la différence de niveau à racheter est un peu forte, ou quand il s'agit de maîtres-drains destinés à donner passage à un volume d'eau considérable, la méthode précédente n'offrirait peut-être pas assez de garanties. Le raccordement s'exécute alors en briques posées à redans, les unes sur les autres, et formant une sorte d'escalier. Pour de très-petits drains, on pourrait se borner à faire un puisard rempli de pierres cassées. Le conduit supérieur communiquerait avec le haut et le conduit inférieur avec le bas de ce puisard. Ces diverses dispositions sont trop simples pour qu'il soit utile de leur consacrer des figures spéciales.

On doit, autant que possible, distribuer les pentes des drains de manière qu'elles augmentent toujours de l'amont vers l'aval. Il importe, en effet, que la vitesse de l'eau s'accélère constamment, ou, du moins, qu'elle n'éprouve pas de ralentissement dans son cours, pour que les matières solides entraînées accidentellement dans une partie du drain ne puissent aller se déposer un peu plus loin, et produire, à la longue, un obstacle à l'écoulement.

Distribution des pentes.

Cette condition doit toujours être remplie par les petits drains. Comme on l'a déjà fait remarquer (page 47), le fond des tranchées ne se trouve donc pas parallèle aux ondulations de la surface du sol; il présente une série de lignes droites tracées entre les points où se trouvent, s'il y en a, les changements de pente.

Il est quelquefois difficile, et même impossible, dans un drainage de quelque étendue, de distribuer suivant cette loi les pentes des drains principaux. Les pentes, en effet, se trouvent souvent réduites en se rapprochant du thalweg principal où les drains doivent décharger leurs eaux. Dans ce cas, il faut placer un regard de grande dimension au point où commencent les réductions de pente; ce regard forme une sorte de bassin régulateur, où se déposeraient les matières entraînées. Il est bien entendu, d'ailleurs, que le diamètre des tuyaux doit augmenter, pour un même volume d'eau à écouler, quand la pente diminue, surtout si l'on est près de la limite de diamètre nécessaire à l'écoulement du volume d'eau à débiter.

Lorsque le terrain est horizontal, ou moins incliné que la pente nécessaire aux drains, ou même s'il présente une pente inverse, ce qui arrive quelquefois, de celle que doivent forcément avoir les drains pour assurer l'écoulement, on donne aux tranchées une profondeur variable, allant en décroissant de leur extrémité d'aval à leur partie supérieure. Ce même artifice peut être employé pour augmenter la pente des collecteurs. Mais on conçoit que les ressources que peut donner ce moyen sont assez bornées, par suite des limites étroites entre lesquelles sont renfermées les profondeurs admissibles. Il convient de ne recourir à ces moyens exceptionnels que le plus rarement possible, et c'est à l'étude très-attentive du relief du sol, facilitée par le plan nivelé, que l'on doit demander la solution la plus parfaite du problème de la distribution des pentes des drains.

# CHAPITRE V.

## ÉCARTEMENT DES DRAINS.

L'écartement des drains, comme leur profondeur, dépend d'une foule de circonstances locales qu'il faut soigneúsement étudier avant de prendre un parti.

Parmi ces circonstances, l'une des plus importantes est la nature du sous-sol. Quand il est poreux, ou qu'il repose sur une couche perméable dont les drains puissent enlever les eaux, les tranchées peuvent être éloignées et profondes. Dans le cas contraire, il convient de les rapprocher davantage.

La porosité du sol, avant le drainage, n'est pas seule à considérer; certains sols se fendillent facilement par l'action des travaux, et acquièrent une porosité artificielle qui peut remplacer la porosité naturelle.

Le climat exerce aussi une grande influence sur les résultats d'une opération de drainage. Le fendillement du sol, qui lui donne la porosité artificielle dont il a besoin, est d'autant plus prononcé et s'étend d'autant plus loin, toutes choses égales d'ailleurs, que la température est plus élevée et le temps plus sec. Les effets d'un été, sur un sol drainé, seront bien plus sensibles dans le Midi que dans le Nord.

Les natures de sol sur lesquelles le drainage agit peut-être le moins sont certaines argiles mêlées de cailloux roulés. Elles n'éprouvent point ce retrait particulier qui donne aux argiles ordinaires leur porosité artificielle, et elles sont quelquefois si imperméables, qu'on les trouve sèches à quelques centimètres de profondeur quand la surface est en bouillie. Un défoncement profond doit toujours accompagner le drainage dans les sols de cette nature.

Le fendillement des masses argileuses a lieu de proche en proche, en s'éloignant du drain, par l'écoulement successif de l'eau et le desséchement progressif de la masse. La présence d'une source ou d'une couche aquifère, qui maintient le terrain, auprès du drain, dans un état permanent d'humidité, s'oppose quelquefois complétement à cette action, et paralyse ainsi tout l'effet que l'on pouvait espérer de l'exécution des travaux.

La largeur habituelle des planches de labour dans le pays où l'on opère influe, dans certaines limites, sur l'écartement des lignes de drains, surtout quand ils sont dirigés dans le sens même du labour. On s'arrange alors, autant que possible, pour que cet écartement soit égal à un nombre exact de fois la largeur des billons, et l'on profite, pour ouvrir les tranchées, de la dépression produite par le labour.

Du reste, dans les terres bien drainées, on abandonne presque toujours le labour en billons pour le labour à plat. L'observation précédente n'a, d'ailleurs, qu'un intérêt fort secondaire.

Ce qui précède montre assez combien il est difficile d'indiquer par écrit des règles précises sur l'écartement à donner aux drains. Une grande habitude des terrains permet seule de le déterminer rapidement et presqu'à première vue, en observant les tranchées d'essai.

Des essais très-simples permettent heureusement de suppléer à ce que la théorie laisse à désirer sur cette question, et de remplacer l'expérience que peut seule donner, dans les travaux de cette espèce, une longue et intelligente pratique.

Limites d'écartement. L'écartement des tranchées de drainage de 1^m,20 de profondeur varie de 7 à 20 mètres. Il est rare que l'on atteigne ces deux limites extrêmes; peu de sols, en effet, résistent à un drainage dans lequel l'écartement des drains est de 9 mètres. Je ne suis jamais allé plus loin. D'un autre côté, à moins qu'il ne s'agisse de terrains très-poreux et infestés de sources, quand l'écartement

des drains dépasse 15 à 16 mètres, l'assainissement du sol est rarement complet. Un écartement
de 10 à 11 mètres convient à toutes les terres fortes
du nord de la France.

On s'abstiendra d'indiquer ici, comme l'ont
fait la plupart des auteurs, les écartements des
drains pour chaque nature de terrain. Les dési-
gnations sol argileux, glaiseux, argilo-sableux, etc.,
que l'on emploie ordinairement, sont si peu précises, et ont des significations si différentes d'un
pays à l'autre et d'un observateur à l'autre, que
l'on craindrait, en les énonçant, d'induire en
erreur les personnes qui feraient usage des indications de cette nature.

Voici, du reste, comment il faut procéder pour
fixer expérimentalement l'écartement des drains
dans un terrain donné :

Détermination expérimentale de l'écartement.

On ouvre une tranchée TT, fig. 12, à la profondeur que l'on veut donner au drainage ; pour
que cette tranchée d'essai ne soit pas perdue, on la
dirige de manière à ce qu'elle puisse faire partie,
plus tard, du drainage à effectuer, et on la prolonge assez pour que l'eau puisse s'écouler. On
creuse alors, à droite et à gauche de cette tranchée, une série de trous A, B, C, D, E, F, de 0$^m$,50
de côté environ et de même profondeur que la
tranchée. Ces trous, comme l'indique la figure,

6.

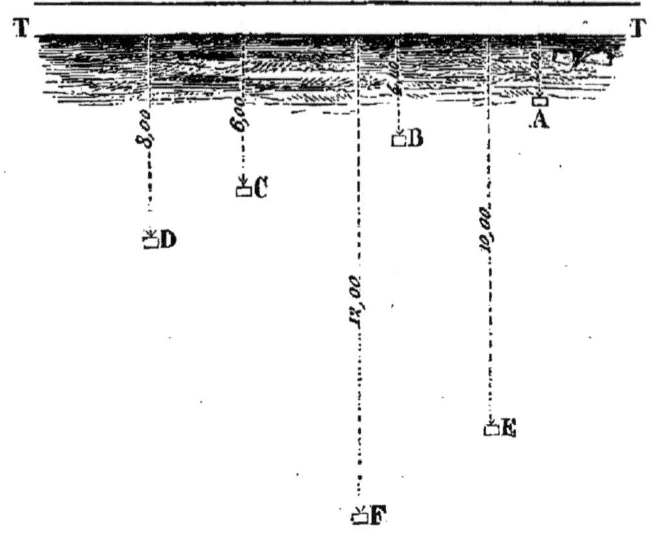


Fig. 12.

Détermination de l'écartement des tranchées.

sont disposés en échiquier, de manière que leurs
distances à cette tranchée soient, par exemple, de
2, 4, 6, 8.....12, 14 mètres. Leur distance les
uns des autres doit excéder la moitié du plus
grand écartement probable des tranchées, soit 10
à 12 mètres. Pour qu'ils ne puissent pas agir les
uns sur les autres. On recouvre ces trous de bran-
chages et de paillassons, pour que l'évaporation ne
soit pas trop forte. Si le terrain n'est pas assez
imprégné d'eau pour que les trous se remplissent
naturellement, on attend les pluies. Alors commencent les observations, qu'il faut prolonger
plusieurs jours de suite et reprendre, si on a le

temps, à deux ou trois époques différentes de l'année.

On note chaque jour, matin et soir, le niveau de l'eau dans les trous, et l'on ne tarde pas à reconnaître qu'il s'abaisse d'autant plus et d'autant plus rapidement, dans chaque trou, que ce trou est plus rapproché de la tranchée TT : de sorte que l'eau est plus élevée au-dessus du fond de cette tranchée en B qu'en A, en C qu'en B, en D qu'en C, et ainsi de suite, jusqu'à la distance où la tranchée ne fait plus sentir son action, et où le niveau de l'eau est le même dans deux trous voisins. Lorsque le niveau de l'eau paraît stationnaire, ou au moins quand il varie sensiblement de la même quantité d'une observation à l'autre dans tous les trous à la fois, on note la distance de la tranchée au dernier trou où le niveau s'est assez abaissé au-dessous de celui du liquide dans le trou suivant, et le double de cette distance donne l'écartement des drains.

On comprend qu'il faut nécessairement que le sol soit complétement imprégné d'eau pour que cette expérience soit concluante. Il convient aussi de la répéter, car il arrive souvent que le second essai indique un écartement supérieur à celui donné par une première observation.

La disposition des trous en échiquier est indispensable. Si on les disposait sur une même ligne perpendiculaire à la tranchée, ils réagiraient les uns sur les autres. Enfin, on doit préférer des trous faits à la pioche à des trous de sondages garnis de tubes en terre, peut-être plus faciles à faire, mais dont l'exécution modifie toujours assez la consistance du sol près de leur surface pour altérer les résultats.

On observera encore qu'il faut réduire l'écartement des drains quand on est obligé de diminuer leur profondeur. Ces deux quantités sont à peu près proportionnelles, toutes choses égales d'ailleurs.

Partage du travail en deux périodes.

Une dernière observation doit encore trouver place ici au sujet de l'écartement des tranchées.

Certains sols sont si profondément modifiés par le drainage, qu'ils acquièrent une porosité bien supérieure à celle indiquée par les essais précédemment décrits. Il est donc prudent, quand on opère sur un sol que l'on ne connaît pas bien, de donner aux petits drains un écartement précisément double de celui que l'on croit convenable : si, au bout d'un an ou deux, l'assainissement n'est pas suffisant, on complète le travail en intercalant un nouveau drain au milieu de l'intervalle des anciennes lignes. Sans avoir augmenté la dépense, on a ainsi couru la chance de la réduire beau-

coup, dans le cas où le terrain se serait suffisamment assaini par le premier travail.

On en dira autant des drains de ceinture. Quand on le peut, on les ouvre d'abord et on ajourne à l'année suivante le reste du travail; leur effet est quelquefois si prononcé, qu'il est inutile d'aller plus loin.

Mais, dans les projets de drainage, on doit, dès l'abord, indiquer tout ce qui est nécessaire pour assurer un succès complet, afin d'édifier entièrement le propriétaire sur les sacrifices auxquels il s'engage, et d'éviter les reproches que ne manquerait pas d'attirer la nécessité de travaux complémentaires exécutés longtemps après les premiers.

# CHAPITRE VI.

### DRAINAGE DES SOURCES.

*Origines des eaux.*

L'eau en excès qui existe dans un terrain peut avoir deux origines différentes : elle provient de la pluie tombée à la surface de ce terrain, ou bien des sources de fond qui peuvent y exister.

Les chapitres précédents s'appliquent plutôt aux terres où l'eau de source ne joue qu'un rôle se-secondaire qu'à celles où les eaux de cette nature sont prépondérantes. Il reste à dire quelques mots de ce dernier cas, beaucoup moins fréquent que le premier.

*Eaux de source.*

Les sources, comme on sait, doivent leur origine à certaines dispositions de la croûte terrestre, qui permettent à l'eau tombée sur des sols poreux de s'écouler à travers les fissures naturelles du terrain, et de venir ensuite se faire jour à de plus ou moins grandes distances de leur point de départ. Les dispositions relatives des couches perméables et imperméables, qui donnent naissance aux sources et aux terrains mouillés ou marécageux qu'elles produisent, varient à l'infini. C'est par une observation attentive et patiente de ce genre de phénomènes que l'on peut arriver à la détermination des procédés d'assainissement les plus appropriés à chaque cas particulier; mais il serait impossible de poser des règles générales et absolues à l'égard des méthodes à adopter pour combattre les effets nuisibles des eaux de sources. Quelques exemples suffiront, cependant, pour faire comprendre l'esprit de la méthode à suivre dans ces circonstances spéciales, d'ailleurs assez rares, et, dès lors, beaucoup moins importantes à étudier que celles dont nous nous sommes occupés jusqu'à présent.

Supposons, d'abord, qu'il s'agisse d'assainir un terrain formé par un sol imperméable $a, a$, sous lequel, comme l'indique la coupe (fig. 13), viennent s'engager les couches d'un sol perméable $b, b$, re-

Fig. 13.
Terrain pénétré par des sources.

couvert d'une terre absorbante *c*. L'eau tombée sur ce dernier terrain pénétrera dans son intérieur, et viendra s'accumuler dans la partie perméable de la masse, sous le sol imperméable, à travers lequel se feront jour, de place en place, des sources permanentes *d*, qui transformeront le terrain en marais sur une plus ou moins grande étendue. Puis, quand ces sources ne pourront point débiter toute l'eau qui arrivera dans le sol poreux, le niveau s'élèvera et de fausses sources jailliront dans les points *e*. Il pourra même arriver que, sous l'action d'une forte pression, d'autres fausses sources se fassent jour temporairement même au-dessous des sources permanentes.

La distinction entre les sources permanentes, qu'Elkington appelle maîtresses sources, et les sources temporaires, est excessivement importante et doit être faite avec le plus grand soin. On conçoit, en effet, que si l'on pousse une tranchée de drainage au sein même des sources permanentes, on obtiendra tout le résultat désiré, tandis que l'on ferait des dépenses presque inutiles si on ne pénétrait que dans les sources passagères.

Cela posé, dans le cas actuel, le meilleur mode d'assainissement consiste évidemment à tracer un drain principal en *f*, à le mettre en communication par un sondage ou un puits avec la couche perméable, et, enfin, à conduire, à l'aide d'une tranchée convenable, les eaux recueillies dans toute la longueur de ce drain jusque dans la rigole *g*. Par ce moyen, l'eau ne pouvant pas s'élever au delà du niveau du conduit *f*, les sources temporaires *e* et permanentes *d* seraient supprimées, aussi bien que les sources passagères produites au-dessous de *d* par des sous-pressions trop considérables.

Prenons pour second exemple le cas suivant : le fond des vallées, dans les pays ondulés, est souvent formé de terre végétale peu perméable, comprise entre deux collines de sable placées elles-mêmes au-dessus d'une couche imperméable, comme l'indique la coupe (fig. 14). L'eau déborde alors aux points *a a*, et transforme en marécage tout l'espace compris entre ces deux points.



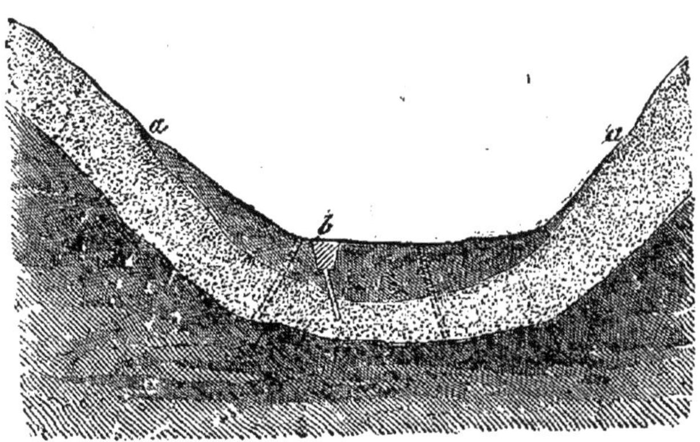

Fig. 14.

Vallée pénétrée par des sources.

En pareil cas, il suffit souvent d'ouvrir un drain dans le thalweg, en *b*, et de le mettre en communication avec le sous-sol perméable. L'eau remonte, s'écoule par ce drain, et cesse de produire à la surface du sol les dégâts qu'elle y causait.

*Couche absorbante inférieure.* — Dans les deux exemples précédents, l'eau remonte par les trous de sonde ou les puits qui mettent en communication le sous-sol perméable avec le drain. Mais il arrive aussi quelquefois que la couche imperméable, sur laquelle repose la veine aquifère elle-même, ne présente qu'une assez faible épaisseur, et qu'elle s'étend à son tour sur des bancs absorbants. Dans ce dernier cas, on peut donner une issue naturelle aux eaux nuisibles, sans avoir besoin de s'occuper de l'établissement de canaux de décharge, en perçant, par un sondage ou un puits, cette seconde couche imperméable, et mettant ainsi la première couche aquifère en communication avec une couche absorbante [1].

[1] L'emploi de puits absorbants pour l'écoulement des eaux de drainage peut donner, dans certaines circonstances, des résultats avantageux. Un travail de cette nature a été accompli, dans ces derniers temps, à l'École impériale d'agriculture de la Saulsaie. Les eaux d'un champ formant cuvette, et soumis au drainage, sont complétement absorbées par un puits de 23 mètres de profondeur. Ce puits écoule, d'après de nombreux jaugeages, jusqu'à 30 litres d'eau par seconde, soit 2,592 mètres cubes par 24 heures. Cet exemple, et plusieurs autres de même genre que l'on

Les communications à ouvrir entre les drains et les parties poreuses s'exécutent par l'une des méthodes suivantes. Moyens d'exécution.

Quand la profondeur de la couche perméable au-dessous du sol à assainir n'excède pas 2 mètres ou $2^m,5o$, il convient habituellement de pousser les drains jusqu'à cette profondeur, soit qu'on les remplisse de pierres, soit qu'on emploie des tuyaux en poterie : on rentre alors dans l'application des procédés ordinaires.

Lorsque la couche perméable se trouve, au-dessous du sol, à une profondeur telle qu'il serait impossible de l'atteindre sans une dépense trop considérable, on conseille d'ouvrir, de distance en distance et à côté du drain lui-même creusé à la profondeur habituelle, des puits ou des trous de sondage, que l'on pousse jusqu'à la rencontre de la couche aquifère.

Les puits dont il s'agit sont rectangulaires ou cylindriques, et d'une largeur seulement suffisante pour permettre à un ouvrier d'y travailler sans trop de gêne. On les remplit de pierres cassées jusqu'à quelques décimètres au-dessus du

pourrait citer, montre les ressources offertes par les travaux de cette espèce. Mais la difficulté d'indiquer d'une manière précise les conditions du succès, et l'incertitude que présentent toujours ces opérations, ne permettent pas de s'arrêter à leur description dans un ouvrage consacré, comme celui-ci, à des règles de pratiques usuelles.

tuyau de terre qui sert de conduit. La figure 15

FIG. 15.

Coupe d'un puits de drainage
des sources.

représente la coupe d'un puits semblable à celui que l'on vient de décrire, faite perpendiculairement à la direction du drain auquel il appartient.

Lorsque la profondeur du puits doit excéder 4 à 5 mètres, on le remplace par un simple forage placé à côté du drain même, comme le représente la figure 16.

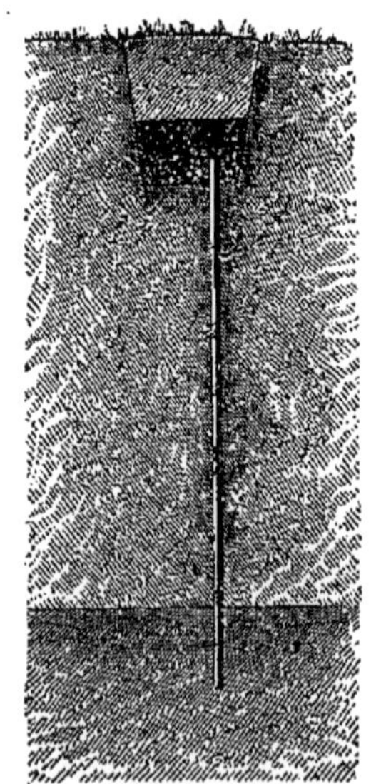

Drainage
vertical.

FIG. 16.
Trous de sondage
pour
le drainage des sources.

Les trous de sondage s'exécutent ordinairement avec une petite sonde de $0^m,05$ à $0^m,07$ de diamètre, décrite dans tous les traités de sondage, et qui, d'ailleurs, se trouve aujourd'hui parmi les instruments mis à la disposition de presque tous les ingénieurs des services hydrauliques.

J'emploie, pour le drainage des terrains bourbeux et criblés de sources, un procédé différent des précédents, désigné sous le nom de *drainage vertical*. L'économie qu'il procure, son succès dans des terrains complétement détrempés, où tout autre travail serait impossible, le rendent précieux dans un grand nombre de circonstances.

On ouvre, comme de coutume, une tranchée de drainage, et on la prolonge à travers les parties les plus bourbeuses du terrain. Si cela est nécessaire, on ouvre quelques autres tranchées partant du centre du terrain bourbeux, et prolongées en patte d'oie jusqu'à une certaine distance de leur origine, comme l'indique la figure 17, page suivante.

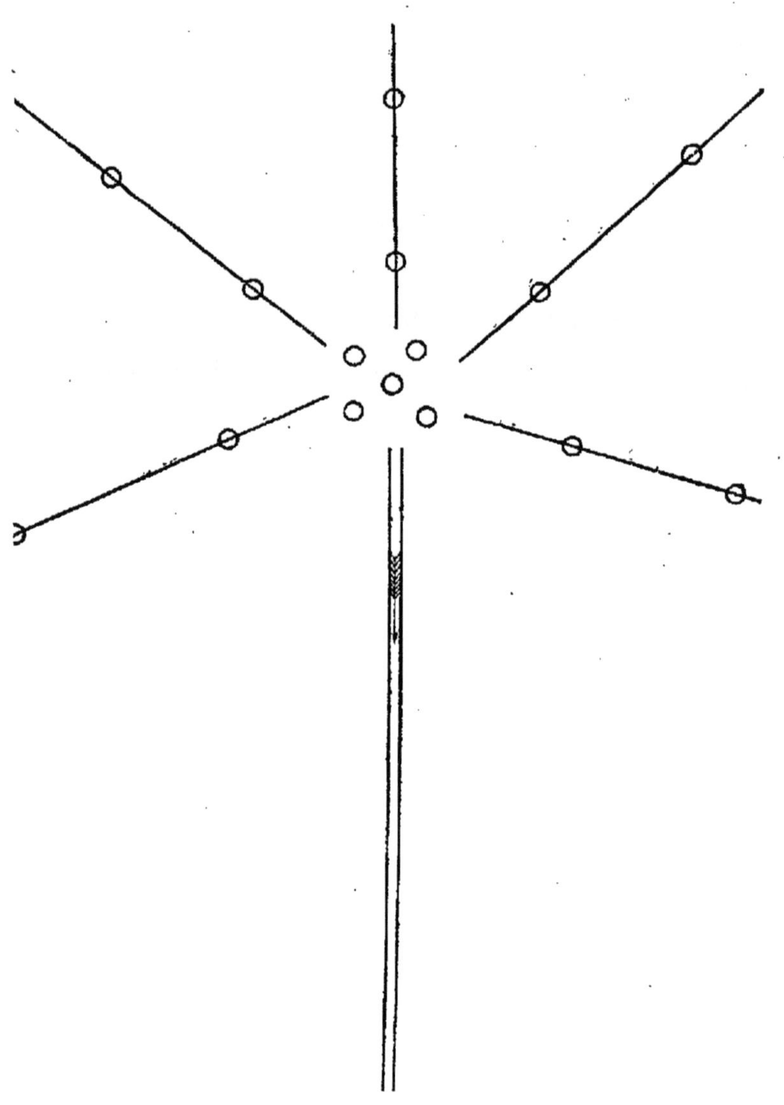

Fig. 17.

Plan d'un drainage vertical.

On prépare ensuite des tuyaux ordinaires, et

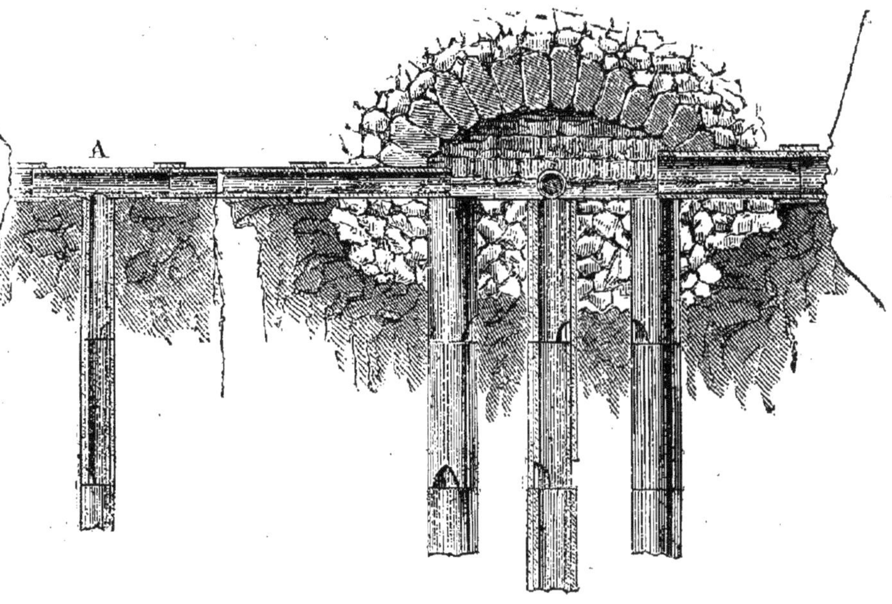


Fig. 18.
Coupe d'un drainage vertical.

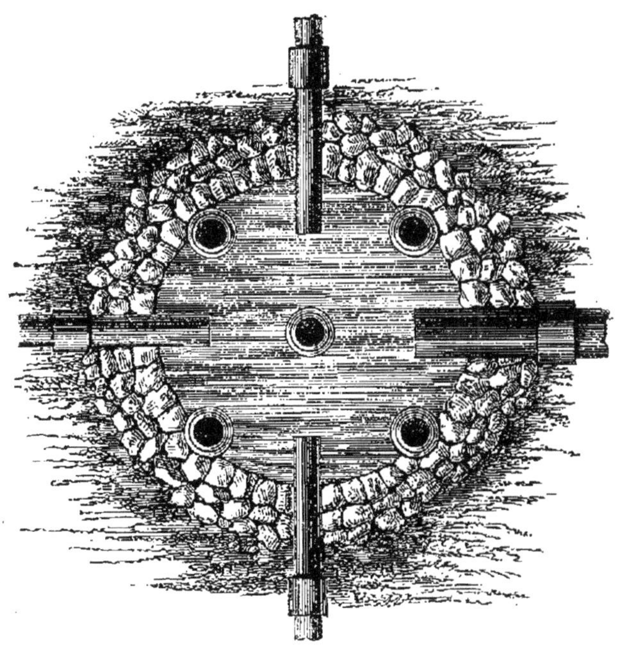

Fig. 19.
Plan du drainage vertical au niveau du tuyau d'écoulement.

on les entre librement et à joints croisés (fig. 18 et 19) dans des tuyaux du numéro immédiatement supérieur, qui forment pour les premiers des manchons de même longueur qu'eux : il suffit, pour cela, de commencer par un demi-tuyau. On a soin, comme le montre la figure, d'échancrer les tuyaux pour rendre facile l'introduction de l'eau extérieure dans l'intérieur de ces tuyaux.

On fait passer dans la file de tuyaux ainsi préparés une tige de fer rond de $0^m,015$ à $0^m,025$ de diamètre, ou bien, suivant les cas, une tige de bois, d'un diamètre inférieur de 5 à 6 millimètres à celui des tuyaux.

On enfonce l'extrémité inférieure de cette tige de bois ou de fer dans un cône en bois dur (fig. 20), ferré à la pointe si le terrain est résistant. Cette espèce de sabot a $0^m,01$ de diamètre de plus environ que celui du tuyau extérieur. Il n'est que très-légèrement réuni à la tige cylindrique, pour que l'on puisse séparer ces deux pièces l'une de l'autre sans éprouver une forte résistance, en les tirant en sens opposé.

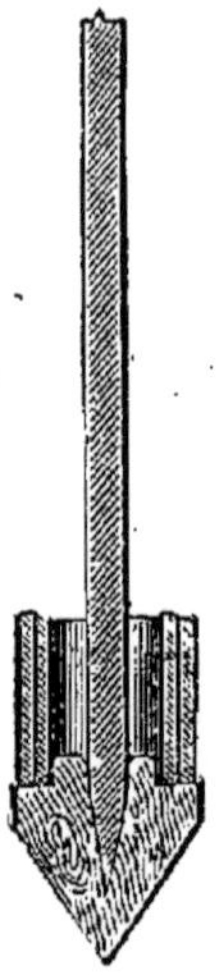

Les choses ainsi disposées, on enfonce verticalement, au fond des tranchées ouvertes à l'avance, les tuyaux précédés du sabot. Si le terrain est

Fig. 20.
Enfonçage des drains verticaux.

très-bourbeux, comme celui de certains prés à bouillons, la colonne s'enfonce, pour ainsi dire, par l'action seule de son poids. Si le terrain est plus résistant, on la fait descendre en frappant sur le sommet de la tige de bois ou de fer dont on a parlé. Dans le cas où le terrain serait plus dur encore, et où l'on ne pourrait faire descendre la colonne de tuyaux par ce moyen, on préparerait leur emplacement avec un petit pieu en bois dur, saboté en fer à la pointe, et fretté à sa tête comme un pilotis, que l'on enfoncerait à la masse ou avec un petit mouton, et que l'on attacherait ensuite. Enfin, on aurait recours à la sonde dans les terrains où l'on rencontrerait de grosses pierres isolées ou des couches minces trop dures pour céder à l'action du pieu ferré.

Lorsque la colonne de tuyaux est mise en place, quelle que soit la méthode employée, on soulève la tige qui traverse les tuyaux; elle se sépare du sabot, qui reste sous la colonne de tubes, et peut être ramenée à l'extérieur, pour servir à d'autres opérations.

La tête des tuyaux ainsi placés est entourée de quelques pierres formant enrochement, et s'introduit, comme on le voit en A, figure 18, dans le tuyau horizontal du drain, percé à cet effet d'une ouverture circulaire, comme pour un raccordement ordinaire.

Quand l'abondance des eaux oblige à placer plusieurs tuyaux verticaux les uns à côté des autres (fig. 18 et 19), on peut les recouvrir, comme l'indique la figure 18, par une espèce de voûte en pierres sèches formant l'origine du drain de décharge.

La disposition des tranchées, en plan, varie nécessairement avec la disposition des lieux; mais il est bien rare que quelques tuyaux groupés au centre même du terrain bourbeux ne suffisent pas à son assainissement. Des tuyaux verticaux placés dans un drain à 8 ou 10 mètres les uns des autres enlèvent déjà un énorme volume d'eau.

Quand on a placé des tuyaux verticaux dans un terrain, il convient, avant de recouvrir le drain de décharge, d'attendre que le régime des eaux soit bien établi, afin de proportionner le diamètre, ou le mode de construction du drain, au volume d'eau à débiter.

La longueur des colonnes de tuyaux dépend nécessairement de la nature du sol où l'on opère. On les enfonce autant que le permet la résistance du terrain; souvent on atteint des profondeurs de 4, 5 et 7 mètres et plus, qui, ajoutées à la profondeur de la tranchée, placent l'extrémité inférieure du tuyau à 8 ou 9 mètres au-dessous du sol. Chacun de ces tuyaux fonctionne, sur toute sa longueur, comme un drain ordinaire. On opère donc ainsi un drainage vertical d'une très-puissante action sur les eaux remontantes, ou sur les eaux descendantes, si l'on atteint une couche absorbante; ce qui, du reste, arrive assez rarement.

Sans entrer dans de plus longs détails sur le drainage des sources, on voit que la méthode se réduit à fournir aux eaux de cette espèce un écoulement régulier et assuré, qui les empêche de sourdre en différents points du sol, de se répandre à sa surface et d'imprégner sa masse entière.

Le drainage des sources, comme on l'a déjà dit, se présente moins fréquemment que celui des eaux de pluie. Cependant, les eaux de source entrent souvent pour une plus ou moins forte proportion dans la masse des eaux surabondantes d'un terrain, et il est peu d'opérations de drainage d'une certaine étendue où on ne rencontre pas l'occasion d'appliquer quelques-unes des méthodes précédentes : elles méritaient par conséquent d'être signalées.

Ce genre de travaux est, du reste, beaucoup plus délicat que le drainage ordinaire des surfaces; nous avons seulement voulu l'indiquer, mais nous devons conseiller aux personnes qui n'ont pas une grande expérience de ne l'entreprendre qu'avec une extrême réserve, et seulement après s'être procuré des renseignements plus étendus que ceux que l'on peut donner ici.

# CHAPITRE VII.

### DIAMÈTRE DES TUYAUX.

On a donné, dans le chapitre II, pour la détermination du diamètre des tuyaux, une règle pratique suffisante pour les applications ordinaires. Bien que les difficultés que présente la détermination scientifique du diamètre des drains, dans chaque cas particulier, ne permettent pas de traiter ici cette question d'une manière complète, quelques mots sont encore nécessaires.

Limite des diamètres.

Il ne convient pas d'employer des tuyaux de moins de $0^m,03$ de diamètre intérieur pour les petits drains. On a fait beaucoup de drainages avec des tuyaux de $0^m,025$ de diamètre intérieur, et certaines personnes en recommandent encore l'usage; mais la légère économie qu'ils présentent, comme matière première et façon, est bien loin de compenser leur plus grande fragilité, le soin extrême que nécessite la pose, l'obligation de rapprocher les collecteurs, et, enfin, les dangers plus multipliés d'engorgement.

Les petits drains de $0^m,03$ de diamètre, comme on l'a déjà dit, ne doivent pas avoir plus de 250 à

35o mètres de longueur, et même moins si leur pente est très-faible, dans les circonstances ordinaires d'écartement, d'humidité et de porosité du sol.

Un tuyau de $0^m,06$ à $0^m,07$ de diamètre intérieur peut, en général, recevoir les eaux de 2 à 3 hectares de terrain. On rappellera d'ailleurs que la section des tuyaux croît comme le carré de leur diamètre, c'est-à-dire qu'un tuyau d'un diamètre double a une section quadruple de celle du tuyau premier diamètre; un tuyau d'un diamètre triple, une section neuf fois plus grande que celle d'un tuyau d'un diamètre trois fois moindre, et ainsi de suite. Le volume d'eau que peuvent débiter, à pente égale, les différents tuyaux croît même suivant une loi un peu plus rapide.

La règle précédente, toute grossière et empirique qu'elle soit, est suffisante, on le répète, pour les besoins ordinaires de la pratique, l'expérience ne la mettant point en défaut. Mais elle ne saurait suffire, dans des opérations importantes, pour déterminer les diamètres des collecteurs, qui doivent alors être calculés de manière à suffire parfaitement à leur fonction sans, cependant, présenter un excès de diamètre, qui se traduirait par une augmentation inutile de dépense. Ce qu'il y

a de mieux à faire alors consiste à laisser ouverte
la tranchée du collecteur pendant un certain
temps, à jauger l'eau qu'il débite, et à calculer
ensuite, par les formules ordinaire d'hydraulique,
le diamètre du tuyau nécessaire pour débiter ce
volume d'eau avec la pente dont on dispose.

Cette expérience est assez longue, parce que le
régime régulier du débit des drains, répondant à
une hauteur d'eau de pluie tombée dans un temps
donné, ne s'établit qu'après la modification que
le drainage exerce sur le sol auquel on l'applique.
La méthode précédente ne convient donc que dans
les circonstances assez rares où l'on peut laisser
sans inconvénients les travaux inachevés pendant
longtemps. On est donc obligé, en général, de
déterminer *à priori* le diamètre des collecteurs.



Les formules ordinaires d'hydraulique permettent de calculer assez approximativement le volume
d'eau que peut débiter, dans un temps donné, un
drain d'une pente et d'une section connues. La
difficulté est donc de savoir quelle est la quantité
d'eau de pluie qui peut tomber en vingt-quatre
heures sur la terre à drainer, et quelle est la frac-
tion de ce volume d'eau que le drain doit écouler.
La première partie de cette question est facile à
résoudre par des observations pluviométriques di-
rectes, ou en se servant des données recueillies

dans quelques localités voisines. Il n'en est pas de même de la seconde, sur laquelle on ne possède encore que des renseignements isolés et insuffisants. Dans l'impossibilité d'obtenir une solution rigoureuse, on est forcé d'en accepter d'assez arbitraires. Dans beaucoup de cas, j'ai calculé le diamètre des drains de manière à ce qu'ils puissent débiter en trente-six heures la moitié environ de la quantité d'eau versée, en vingt-quatre heures, sur la surface considérée par les fortes pluies du pays.

Cette manière de procéder est, on le répète, assez arbitraire, et je l'indique plutôt comme un exemple de ce qui a été fait que comme une règle à suivre. Il est très-rare, du reste, que les questions de cette nature se présentent dans les opérations ordinaires, et nous ne pouvons évidemment, pour ces cas exceptionnels, que renvoyer aux traités spéciaux.

Ce qui précède s'applique seulement aux terrains qui ne souffrent que des eaux de pluies tombées à leur surface. Quant aux terrains traversés par des eaux de sources, il est absolument impossible de donner la moindre indication générale sur le volume d'eau à en extraire. Il faut le déterminer, dans chaque cas particulier, par l'observation directe des tranchées d'essai ouvertes dans le sol à assainir.

# CHAPITRE VIII.

### DE LA FORME DES PROJETS DE DRAINAGE.

Utilité
et
simplicité
des projets
réguliers.

Un projet complet de drainage, dans les conditions ordinaires, se compose d'un certain nombre de pièces dont il ne sera pas inutile d'indiquer les dispositions reconnues, par expérience, les plus simples et les plus commodes.

Quelques-unes de ces pièces ne sont nécessaires que dans les travaux d'une grande importance; d'autres sont de simples *formules*, où il ne reste que des *blancs* à remplir dans chaque cas particulier. Le travail d'expédition et de rédaction d'un projet de cette espèce est donc extrêmement simple, en général, et on n'hésitera plus à le rédiger régulièrement quand on saura combien il évite d'embarras et de fausses manœuvres pendant l'exécution des travaux.

Énumération
des pièces.

Dans les cas les plus compliqués, ces projets peuvent se composer des pièces suivantes :

Plan
d'ensemble.

1° Plan d'ensemble de la propriété, ou des propriétés à améliorer, si elles sont d'une grande étendue et composées de plusieurs parties séparées, dont il est nécessaire d'indiquer les positions relatives.

Ce plan peut être à l'échelle de 1/10000, de 1/20000, ou même à une échelle moindre, s'il s'agit d'une très-grande étendue. Une copie des plans d'assemblage du cadastre suffit parfaitement pour son exécution. Les parcelles qui font l'objet du projet sont désignées par leur numéro et entourées d'un liséré jaune.

Les faîtes sont indiqués par des lignes ponctuées, et la direction générale des pentes, dans les parties à drainer, par de petites flèches rouges de carmin. Les drains principaux sont tracés en rouge-orangé[1], et les fossés ou cours d'eau ouverts en bleu.

Les cotes des points du terrain les plus essentiels à considérer, écrites à l'encre noire, et celles du niveau des eaux dans les canaux de décharge, complètent les renseignements que ce plan d'ensemble doit fournir.

S'il y avait lieu d'exécuter sur la propriété d'autres améliorations que le drainage, telles qu'irrigations, défoncements, marnages, etc., elles seraient indiquées par l'application d'une teinte conventionnelle sur les parcelles qui doivent recevoir ces améliorations.

---

[1] Dit rouge de Saturne, *red lead*.

Une légende détaillée doit être inscrite sur ce plan d'ensemble. Cette première pièce n'est utile que dans les projets qui s'étendent à une surface considérable, et dans lesquels il est nécessaire de faire bien comprendre le système général d'écoulement. Il est fort rare qu'elle soit nécessaire pour des domaines de moins de 100 à 150 hectares.

Plans de drainage.

2° Plans de drainage proprement dits.

Ces plans, comme on l'a déjà dit (chap. Ier), sont rapportés à l'échelle d'un millimètre par mètre ($0^m,001$). Ils indiquent tous les détails de la disposition des travaux. Chacun d'eux ne comprend qu'une pièce de terre, ou du moins une étendue de terrain assez faible pour occuper seulement une feuille d'un format facile à manier sur le terrain.

Les parcelles sont bordées, comme sur le plan d'ensemble, par un liséré jaune; leur numéro et les lieux dits sont inscrits à l'encre de Chine. Les limites, les haies, barrières, chemins, et toutes les indications relatives à la forme et à la disposition des lieux, sont dessinés à l'encre de Chine. Les courbes de niveau sont tracées en lignes très-fines et à l'encre pâle. La hauteur de chacune de ces courbes est inscrite en noir, sur deux ou trois points de sa longueur. Les cotes des points remarquables qu'il a paru utile de recueillir sont écrites égale-

ment en noir, et soulignées auprès du point indiquant leur position.

Le drainage et les écritures qui s'y rapportent
sont tracés en rouge-orangé.

Les drains formés avec les plus petits tuyaux
sont indiqués par un trait fin, les drains garnis
de tuyaux de la seconde dimension par deux traits,
ceux de la troisième grosseur par trois traits, et
ainsi de suite. Pour abréger le travail graphique,
on se borne souvent à figurer les tuyaux par des
traits de diverses grosseurs, mais alors, pour éviter toute confusion, il faut indiquer par un petit trait
perpendiculaire au drain le point de changement
de grosseur des tuyaux, et écrire en toutes lettres,
près des drains autres que les plus petits, leur diamètre ou leur numéro de grosseur. Des flèches
tracées sur le drain même indiquent le sens de la
pente, toutes les fois que la disposition du plan ne
l'indique pas assez nettement.

Un numéro d'ordre doit désigner chaque drain
à son origine. L'écartement des drains est inscrit
sur le plan, surtout quand il n'est pas le même
pour tous.

La profondeur des drains est indiquée par un
chiffre entre parenthèses, placé au point où cette
profondeur diffère de la profondeur normale portée
au devis.

Les regards, les bouches et autres travaux

accessoires sont indiqués, dans la position qu'ils doivent occuper, par des signes conventionnels.

Les fossés à supprimer sont figurés par une ligne bleue, ou un double trait lavé en bleu et haché de petites lignes rouges.

Les fossés ou cours d'eau creusés ou modifiés sont indiqués par une ligne rouge bordant le bleu. Les cours d'eau non modifiés sont peints en bleu, suivant l'usage.

Une légende très-détaillée et des explications aussi étendues que possible doivent compléter ce plan, qui se trouve seul, en général, entre les mains des surveillants sur le terrain.

Ce plan doit être dressé en double expédition, dont un calque sur toile transparente est remis au surveillant des travaux.

Travaux accessoires.

3° Dessins des bouches, regards, vannes, grilles, bornes, drains étanches, drainages verticaux, et autres travaux accessoires, profils en long, etc.

Les ouvrages ordinaires sont très-simples et toujours les mêmes. On n'a besoin d'exécuter ces divers dessins que pour les cas exceptionnels.

Il suffit donc d'avoir des types gravés des ouvrages courants, dont on joint un exemplaire à chaque projet, ou bien même d'en insérer des croquis dans les devis.

4° Le devis des travaux se réduit à une for-  Devis.
mule dans laquelle il suffit de remplir quelques
blancs. La seconde partie de ce travail donne tous
les éléments nécessaires à la rédaction de cette
pièce.

5° L'avant-métré et le détail estimatif sont très-  Avant-métré.
simples. On peut les rédiger avec les formules  Détail
imprimées admises pour tous les travaux par l'ad-  estimatif.
ministration. Cette formule est, du reste, suscep-
tible de simplifications faciles à apercevoir dans le
cas des travaux particuliers dont il s'agit. Les longueurs des drains peuvent s'évaluer avec une exactitude suffisante en les mesurant à l'échelle sur le
plan de drainage (pièce 2).

La dépense totale du drainage par hectare
dépend, à la fois, du prix de l'unité de longueur
de drain et du développement de l'ensemble des
drains, c'est-à-dire de leur écartement.

La table suivante peut faciliter les calculs des
*avant-projets*, en faisant connaître la longueur
totale des drains et le nombre des tuyaux de différentes longueurs nécessaires, en moyenne, au drainage d'un hectare. Les résultats fournis par cette
table ne sont d'ailleurs exacts qu'autant que toutes
les dimensions du terrain sont considérables par
rapport à l'écartement des drains. Pour les surfaces peu étendues ou de forme irrégulière, il est

nécessaire de recourir, dans chaque cas particulier, à une mesure directe. Il en est évidemment de même lorsqu'il s'agit de la rédaction d'un avant-métré régulier.

| INTERVALLES entre LES DRAINS. | LONGUEUR TOTALE des drains par hectare. | NOMBRE CORRESPONDANT DES TUYAUX D'UNE LONGUEUR | | | |
|---|---|---|---|---|---|
| | | de 0$^m$,30. | de 0$^m$,33. | de 0$^m$,36. | de 0,$^m$40. |
| 5 | 2,000 | 6,667 | 6,000 | 5,556 | 5,000 |
| 6 | 1,667 | 5,556 | 5,001 | 4,742 | 4,167 |
| 7 | 1,429 | 4,763 | 4,287 | 3,970 | 3,572 |
| 8 | 1,250 | 4,166 | 3,750 | 3,472 | 3,125 |
| 9 | 1,111 | 3,703 | 3,333 | 3,086 | 2,777 |
| 10 | 1,000 | 3,333 | 3,000 | 2,778 | 2,500 |
| 11 | 909 | 3,030 | 2,727 | 2,525 | 2,272 |
| 12 | 833 | 2,776 | 2,499 | 2,314 | 2,082 |
| 13 | 769 | 2,893 | 2,307 | 2,136 | 1,922 |
| 14 | 714 | 2,716 | 2,142 | 1,983 | 1,785 |
| 15 | 667 | 2,223 | 2,001 | 1,853 | 1,667 |
| 16 | 625 | 2,083 | 1,875 | 1,736 | 1,562 |
| 17 | 588 | 1,960 | 1,764 | 1,632 | 1,470 |
| 18 | 556 | 1,853 | 1,668 | 1,544 | 1,390 |
| 19 | 526 | 1,753 | 1,578 | 1,461 | 1,315 |
| 20 | 500 | 1,666 | 1,500 | 1,389 | 1,250 |

    6° Le rapport sur l'opération renferme une description sommaire des travaux; il fait connaître

la nature du sol, de la culture, les plantes sau-
vages qui s'y rencontrent le plus abondamment,
son produit, etc.

On expose ensuite rapidement, en les justi-
fiant, les dispositions des ouvrages proposés, et on
termine en comparant, aussi approximativement
que possible, la dépense au bénéfice probable de
l'opération.

# DEUXIÈME PARTIE.

## EXÉCUTION DU DRAINAGE.

## CHAPITRE I.

### PIQUETAGE DES TRAVAUX SUR LE TERRAIN.

Lorsque l'étude du terrain à drainer a été faite de manière à permettre de dresser le projet des travaux, en suivant la marche tracée dans notre première partie, il ne reste plus qu'à s'occuper de leur exécution matérielle.



Ce travail est très-simple en lui-même; mais il exige beaucoup de soins et d'attention des ouvriers rompus, dès l'origine, à la pratique des bonnes méthodes, et des contremaîtres exercés, consciencieux et dévoués.

Un bon surveillant draineur est encore difficile à trouver. Une très-grande part du succès des opérations lui revient légitimement, et l'on ne saurait assez sincèrement encourager et récompenser les services de chaque instant qu'il rend dans les travaux.

Les personnes qui ont déjà fait exécuter des

drainages s'étonneront, peut-être, de quelques-unes de nos recommandations, et du soin minutieux que nous engageons à mettre dans chacune des opérations que nous décrivons. A ces observations, nous ne ferons qu'une réponse, c'est de prier les personnes qui auront fait autrement que nous l'indiquons d'essayer de suivre attentivement et à la lettre nos indications, et de vouloir bien se rendre sérieusement compte de l'amélioration obtenue, des fautes évitées, du temps gagné et de l'économie réalisée.

Quoi qu'il en soit, voici comment, après bien des essais, nous conseillons d'opérer :

Le plan de drainage arrêté est remis au contre-maître chargé des travaux. Sa première opération, qui doit précéder l'arrivée des ouvriers sur le terrain, est le piquetage du travail.

Jalonnage. — A l'aide des points de repère que présentent les clôtures, les arbres et les autres objets remarquables du champ, on retrouve facilement l'emplacement des drains tracés sur le plan, et on en fixe la position sur le sol, en s'aidant de la chaîne d'arpenteur pour les rattacher entre eux et aux repères. On trace d'abord l'axe, ou ligne-milieu des drains collecteurs, en plaçant des jalons à leurs extrémités et aux points où ils présentent des angles. On indique ensuite la position de l'axe des petits drains, en plaçant un jalon à chacune de leurs extrémités et un ou deux autres jalons dans l'intervalle des deux premiers.

Les jalons indiquent la direction des lignes de drains, mais ils ne fourniraient aucun moyen de déterminer la profondeur des tranchées et de régulariser la pente des files de tuyaux. La facilité avec laquelle les jalons sont dérangés par le vent ou la malveillance obligerait, du reste, presque toujours à les remettre en place plusieurs fois pendant la durée du travail. Il est donc indispensable de compléter le tracé du drainage sur le terrain au moyen de points fixes, assez solides pour qu'on ne craigne pas de les voir déplacer pendant l'opération. Ce sont de forts piquets en bois, de $0^m,50$ environ de longueur, enfoncés dans le sol à coups de marteau et placés comme on va le dire.



On enfonce, en général, les piquets à $0^m,50$ en dehors de la ligne-milieu des tranchées indiquée par les jalons, pour qu'ils ne soient pas compris dans l'ouverture de la fouille. Pour éviter toute confusion, les piquets sont tous placés du même côté, sur la droite, par exemple, des tranchées, si les ouvriers doivent jeter la terre à gauche.

On met un piquet à chaque extrémité des drains,

et on en place d'autres dans l'intervalle, de manière qu'ils soient, au plus, à 5o mètres les uns des autres. On doit d'ailleurs enfoncer un piquet à tous les points de changement de pente des drains, et à tous ceux où la profondeur est plus grande ou plus faible que la profondeur normale adoptée.

Les têtes des piquets sont rattachées, à l'aide du niveau, aux points de repère qui ont servi au nivellement du plan lui-même, et on les enfonce plus ou moins, de manière que les sommets de ces piquets soient tous à la même hauteur au-dessus du fond des tranchées. Cette hauteur est, en général, égale à la profondeur normale adoptée, augmentée de $0^m,1o$ ou $0^m,2o$.

La marche à suivre pour placer les piquets aux points convenables sera, du reste, mieux comprise après la lecture du chapitre suivant, où se trouve expliqué en détail leur principal usage.

En opérant comme on vient de le dire, les lignes droites passant par le milieu des têtes des piquets sont parallèles au fond des tranchées et fournissent, comme on le verra, le moyen de le régler avec la précision la plus absolue. On s'assure d'ailleurs que la pente d'un piquet à l'autre, pente qui est la même que celle du drain lui-même, est suffisante; on obtient ainsi une vérification du nivellement fourni par le plan, et l'on rectifie, au besoin, les erreurs qui auraient pu être commises dans la première opération.

Chaque piquet porte le numéro d'ordre assigné sur le plan au drain auquel il appartient. On évite ainsi toute incertitude, et l'on facilite singulièrement le règlement des attachements des ouvriers.

Quelques personnes indiquent sur le terrain, avant le commencement du travail, le tracé des drains par un sillon peu profond, exécuté avec une bêche ou une pioche légère. Cette opération préliminaire ne paraît pas utile; elle ne fournit aucune indication de plus que les piquets et les jalons, et entraîne, sans profit, à une dépense assez notable.

La description du mode de piquetage que nous venons de décrire paraît assez compliquée, mais ce travail emploie moins de temps à exécuter qu'il n'en faut pour l'expliquer. Chaque piqueur peut, en quelques heures, préparer le travail des ateliers les plus nombreux. L'on ne saurait assez tenir la main à ce que l'on procède toujours comme on vient de le dire. On rend ainsi les erreurs tout à fait impossibles, et l'on simplifie tellement la vérification des tranchées et la pose des tuyaux, que l'on gagne en réalité beaucoup plus de temps, dans le cours de l'exécution, qu'il n'en avait été employé au piquetage détaillé du drainage.

Après l'achèvement du piquetage, on peut s'occuper du transport des tuyaux sur place et de l'ouverture des tranchées, en opérant comme on va l'indiquer dans le chapitre suivant.

# CHAPITRE II.

## OUVERTURE DES TRANCHÉES.

Quel que soit le mode de remplissage ou de garniture d'un drain, l'ouverture de la tranchée est la première opération à entreprendre. Nous allons, avant tout, indiquer comment on l'exécute.

Les tranchées de drainage que l'on ouvre maintenant pour la pose des tuyaux en terre cuite ont, en général, comme on l'a déjà dit, de $0^m,90$ à $1^m,50$ de profondeur; $0^m,30$ à $0^m,70$ de largeur au sommet et seulement $0^m,06$ à $0^m,07$ au fond, quand il s'agit de drains secondaires, et $0^m,10$ à $0^m,20$ pour les drains principaux.

Les figures 21, 22, 23, 24 et 25 donnent les profils exacts de tranchées de différentes dimensions relevés sur des travaux en cours d'exécution.

La largeur des tranchées n'a rien d'absolu; elle dépend, en grande partie, de l'habitude et de l'adresse des ouvriers terrassiers qui les exécutent. Cependant, pour réduire autant que possible le cube des terres à remuer par mètre courant, et rendre la pose des tuyaux plus facile, plus régulière et plus solide, il convient de ré-

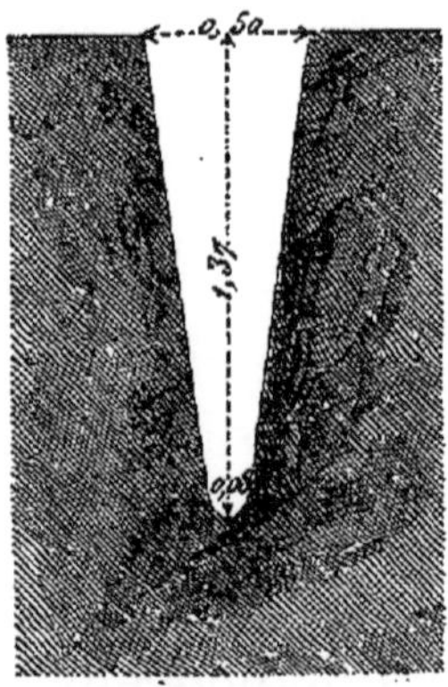

FIG. 21.

Tranchée de drainage.

(Échelle de 0,02.)

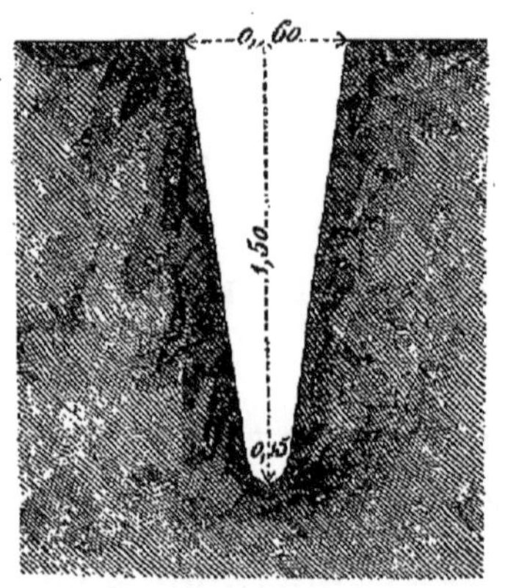

FIG. 22.

Tranchée de drainage.

(Échelle de 0,02.)

FIG. 23.

Tranchée de drainage.

(Échelle de 0,02.)

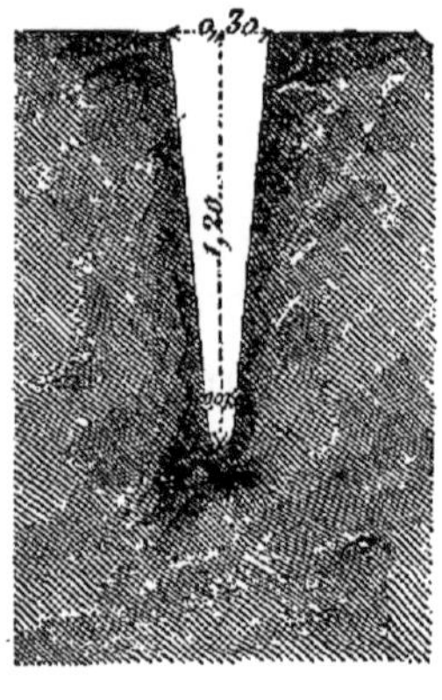

FIG. 24.

Tranchée de drainage.

(Échelle de 0,02.)

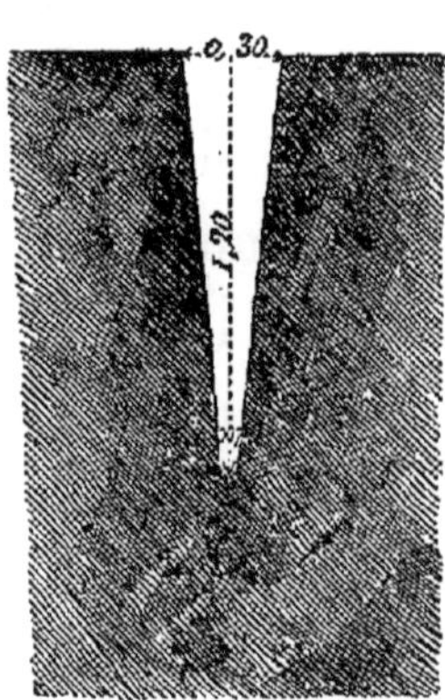

FIG. 25.

Tranchée de drainage.

(Échelle de 0,02.)

duire cette largeur au strict nécessaire, et de tenir
fortement la main à ce que les ouvriers ne dépassent pas les dimensions prescrites; ce qu'ils

tendent toujours à faire, jusqu'à ce qu'ils aient acquis l'habitude de ce genre de travail. La largeur de la tranchée au sommet et l'inclinaison des talus sont calculées de manière que l'ouvrier puisse descendre et se tenir facilement à o^m,60 ou à o^m,80 au-dessus du fond, pour atteindre, de ce point avec ses outils, à la profondeur adoptée.



L'ouverture des tranchées étroites dont il s'agit n'offre aucune difficulté dans les terrains ne renfermant pas de corps assez durs pour résister aux instruments ordinaires et, cependant, assez compacts pour se maintenir sans éboulement pendant quelques jours. En se guidant sur les jalons et les piquets placés comme on l'a dit dans le chapitre précédent, l'ouvrier fixe, avec un cordeau de 20 à 25 mètres qu'il place successivement sur chaque arête, la largeur exacte de la tranchée à ouvrir.

Si le sol est gazonné, il trace cette largeur en suivant le cordeau, et en coupant le gazon au moyen d'une lourde bêche, représentée par la figure 26.

Lorsque le sol est garni d'un gazon très-épais, ou de nombreuses racines de bruyères ou autres, la bêche dont on vient de parler peut être avantageusement remplacée par une espèce de hache, analogue à celle employée dans les Vosges pour l'ouverture des rigoles d'irrigations.

Enfin, si la surface offre un terrain de résistance moyenne, ce tracé préliminaire peut s'exécuter avec une bêche ordinaire; il est toujours utile, mais il n'est plus indispensable comme dans les cas précédents, et l'on peut procéder immédiatement au creusement de la tranchée.

On doit toujours commencer l'ouverture des tranchées de drains par leur partie inférieure, afin que les eaux que l'on pourra y rencontrer, ou celles provenant des pluies pendant la durée des travaux, puissent constamment s'écouler sans gêner ou interrompre les ouvriers.

Les instruments employés

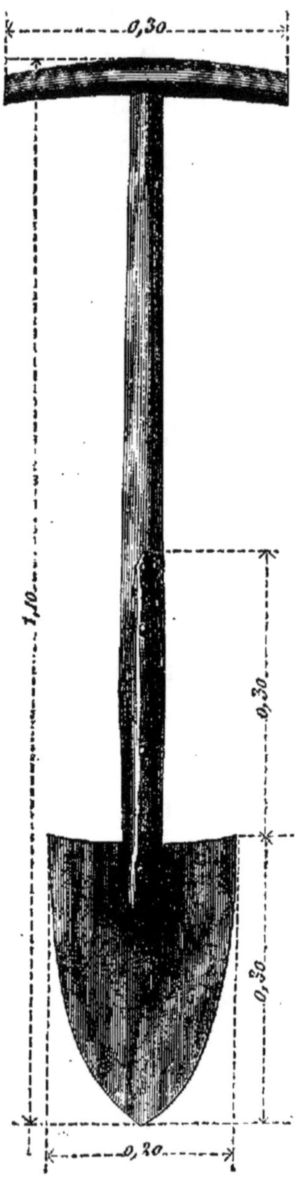

FIG. 26.

Bêche à couper le gazon.

(Échelle de 0,10.)

Instruments

pour creuser les tranchées sont extrêmement sim-<br>
ples, mais d'une forme particulière appropriée à<br>
leur destination spéciale, et qui varie, ainsi que la<br>
manière d'opérer, avec la résistance et la nature<br>
du terrain. Le cas le plus ordinaire est celui d'une<br>
terre compacte se laissant attaquer à la bêche;<br>
nous l'examinerons en premier lieu.

La nature du sol que l'on rencontre, l'impor-<br>
tance des ouvrages à exécuter et les ressources<br>
dont on dispose peuvent modifier, jusqu'à un cer-<br>
tain point, l'organisation des chantiers. Mais, en<br>
général, quand aucune circonstance particulière<br>
ne s'y oppose, on partage les ouvriers en brigades<br>
de trois hommes. Le premier trace la tranchée,<br>
enlève la couche de terre végétale, et la dépose<br>
sur l'un des côtés de la tranchée. Cette première<br>
levée de terre s'exécute avec une bêche ou un<br>
louchet ordinaire, ou bien avec l'une des bêches<br>
(fig. 27 ou 28), selon la largeur de la tranchée,<br>
qui doit être un multiple à peu près exact de la<br>
largeur de l'instrument.

On a figuré un manche à poignée dans la<br>
figure 27 et un manche à béquille dans la figure 28.<br>
Tous les ouvriers ne sont pas d'accord sur l'avan-<br>
tage de l'une ou de l'autre de ces dispositions.<br>
Cependant la poignée est très-généralement pré-<br>
férée, et nous recommandons de l'employer

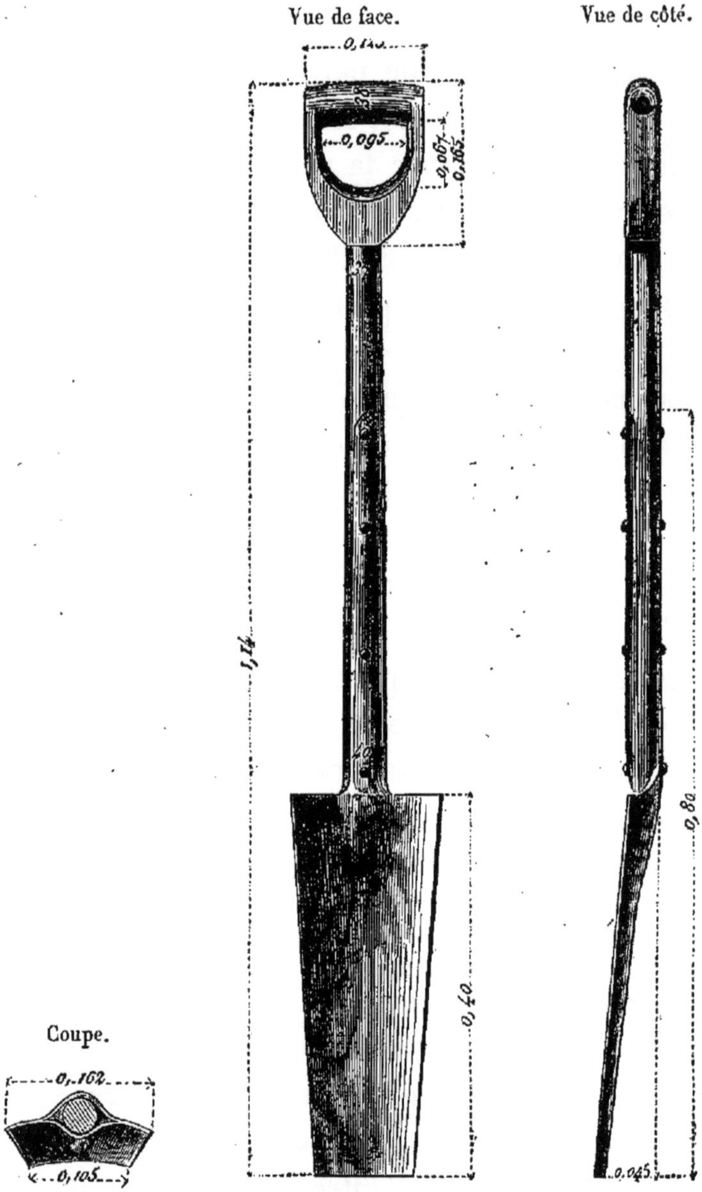

**FIG. 27.**
Bêche de drainage.
(Échelle de 0,10.)

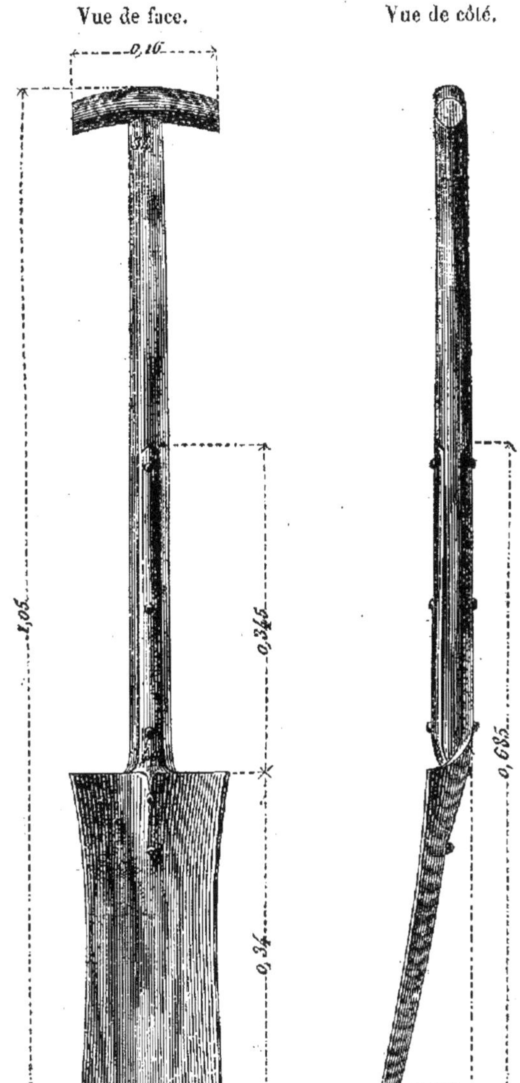



Fig. 28.

Bêche de drainage.

(Échelle de 0,10.)

quand des habitudes locales trop invétérées ne s'y opposent pas absolument. C'est à tort, par conséquent, que l'on a figuré des poignées aux instruments suivants.

Dans les terrains à surface fortement gazonnée, on emploie quelquefois, pour la première levée de terre, une fourche à trois ou cinq dents, semblable à celle dont on se sert en Auvergne, mais plus légère. En pareille matière, il faut toujours tenir compte des habitudes des ouvriers que l'on emploie. La fourche peut, assurément, rendre de bons services dans des mains exercées à la manier; mais il ne paraît pas que ce soit un instrument à introduire dans les pays où l'usage n'en est pas répandu pour les terrassements, même lorsqu'il s'agit de terres gazonnées.

Cette première levée de terre a $0^m,30$ à $0^m,40$ de profondeur : on a soin de régulariser parfaitement les faces latérales de la tranchée. Le fond doit aussi présenter une assez grande régularité. Si la terre ne se coupe pas en mottes bien régulières, ce qui arrive presque toujours à la surface, il faut enlever, avec une pelle en fer ordinaire, toutes les parties de terre égrenée qui salissent le fond de cette première fouille, et qui gêneraient les travaux suivants.

L'ouvrier qui ouvre la tranchée doit commencer le travail sur une longueur de 5 à 6 mètres seulement. Il procède immédiatement après au curage du fond et au régalage des faces latérales, qui se réduit à presque rien s'il est exercé au maniement des outils, pour que le second ouvrier puisse toujours le suivre à une assez petite distance.

Le second ouvrier emploie, pour approfondir la tranchée d'une seconde prise de $0^m,40$ environ de profondeur, l'une des bêches creuses représentées par les figures 29 ou 30, selon sa force ou la largeur de la tranchée à ouvrir.

Ce second ouvrier doit, comme le premier, régulariser avec soin les faces latérales de la tranchée et ne laisser au fond aucune partie de terre détachée.

Lorsque la terre est de bonne consistance, qu'elle se coupe bien et présente assez de ténacité pour être détachée par mottes bien entières, il ne reste presque rien à enlever du fond de cette seconde prise de terre, et le curage s'exécute sans peine avec la bêche creuse elle-même. Mais quand la terre s'égrène et se casse facilement, et même quand les ouvriers n'ont pas encore une grande habitude du travail, il retombe au fond de la tranchée une assez grande quantité de matière, qu'il faut ôter avec un outil particulier, la pelle ordinaire ne pouvant opérer que très-difficilement, dans un espace aussi profond et aussi étroit que la tranchée,

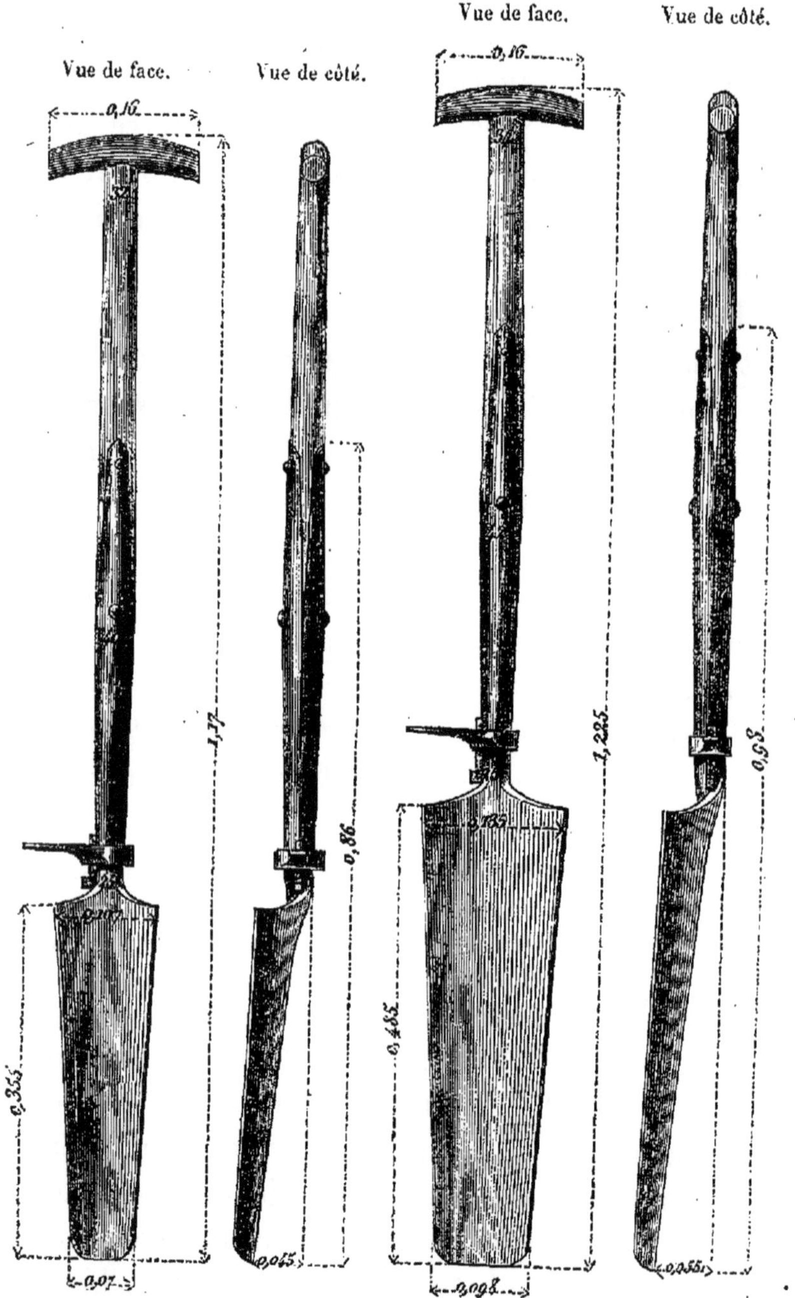



Fig. 29.

Bêche de drainage.

(Échelle de 0,10.)

Fig. 30.

Bêche de drainage.

(Échelle de 0,10.)

pendant cette seconde période du travail. On emploie avec avantage, pour ce curage, la drague plate (fig. 31). Il est bien entendu que cet instrument ne doit servir qu'à enlever les terres détachées par la bêche creuse et nullement à attaquer le sol. Au lieu de cette drague plate, on se sert souvent de la plus grande des dragues creuses (fig. 34 à 36) qui servent à l'achèvement de la tranchée; du reste, on doit tendre à restreindre l'emploi de ces instruments, qui sont d'autant moins nécessaires, toutes choses égales d'ailleurs, que l'ouvrier est plus soigneux et plus adroit. Ils sont tout à fait inutiles avec de bons draineurs dans les terrains glaiseux, et ne deviennent nécessaires que dans les terrains graveleux ou sans consistance.

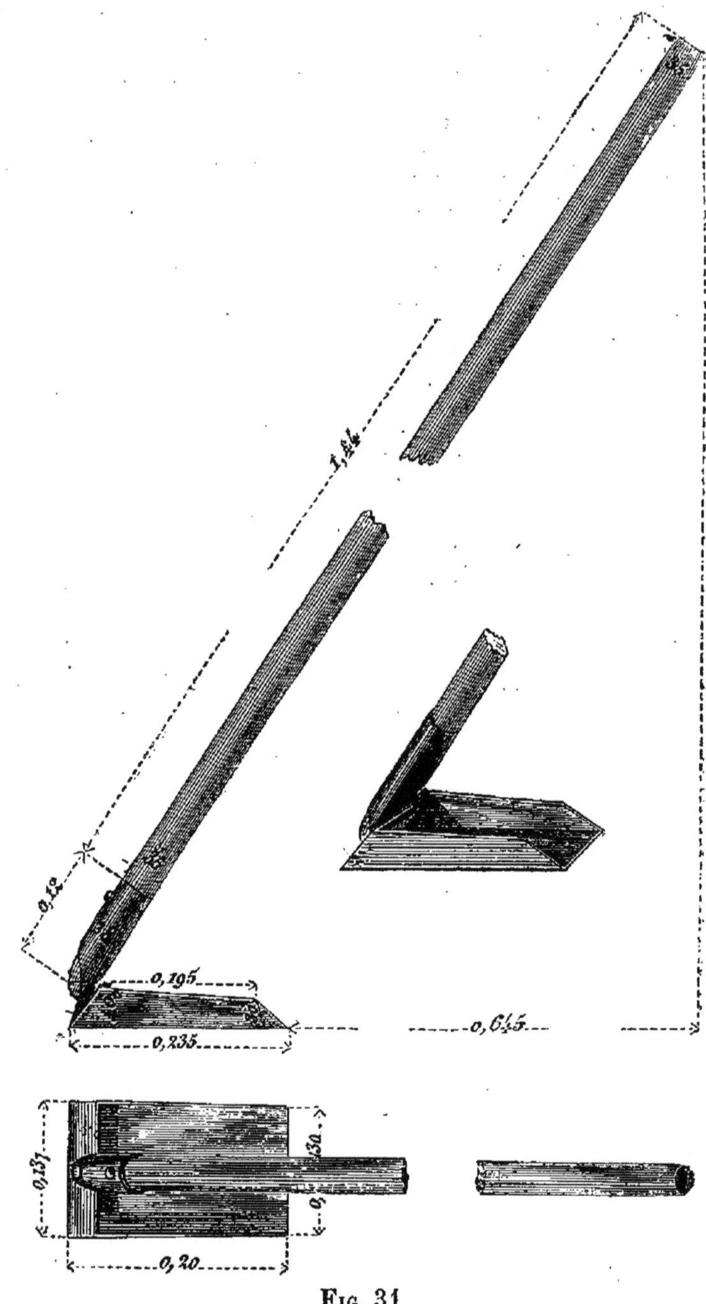



**F**ɪɢ. 31.

Drague plate pour curage.

(Échelle de 0,10.)

Le troisième ouvrier, avec l'une des bêches re-présentées par les figures 32 et 33, achève d'approfondir la tranchée. Ces dernières bêches ne diffèrent les unes des autres que par leurs dimensions, que l'on proportionne à la largeur du drain à ouvrir.

Pour terminer le fond de la tranchée et lui donner la régularité qu'il doit avoir, on se sert de l'une des écopes représentées par les figures 34, 35 ou 36, dont la largeur est sensiblement égale au diamètre des tuyaux que l'on emploie. Ces écopes sont manœuvrées du bord de la tranchée. On acquiert rapidement l'habitude de les manier; elles sont bien préférables aux dragues figurées dans quelques ouvrages, et que l'on fait agir en poussant, comme une pelle ordinaire, au lieu de tirer, comme on le fait avec celles-ci.

Les figures indiquent assez le mode de construction des outils qui viennent d'être décrits pour qu'il ne soit pas nécessaire d'insister sur ce point. On dira seulement que les cotes inscrites sur les figures sont le résultat de mesures prises sur de bons modèles d'instruments, mais qu'elles n'ont cependant rien d'absolu, et que chaque constructeur s'en écarte plus ou moins, selon le volume des tuyaux à employer.

Quelques personnes conseillent de terminer le fond de la tranchée en le frappant, pour le régu-

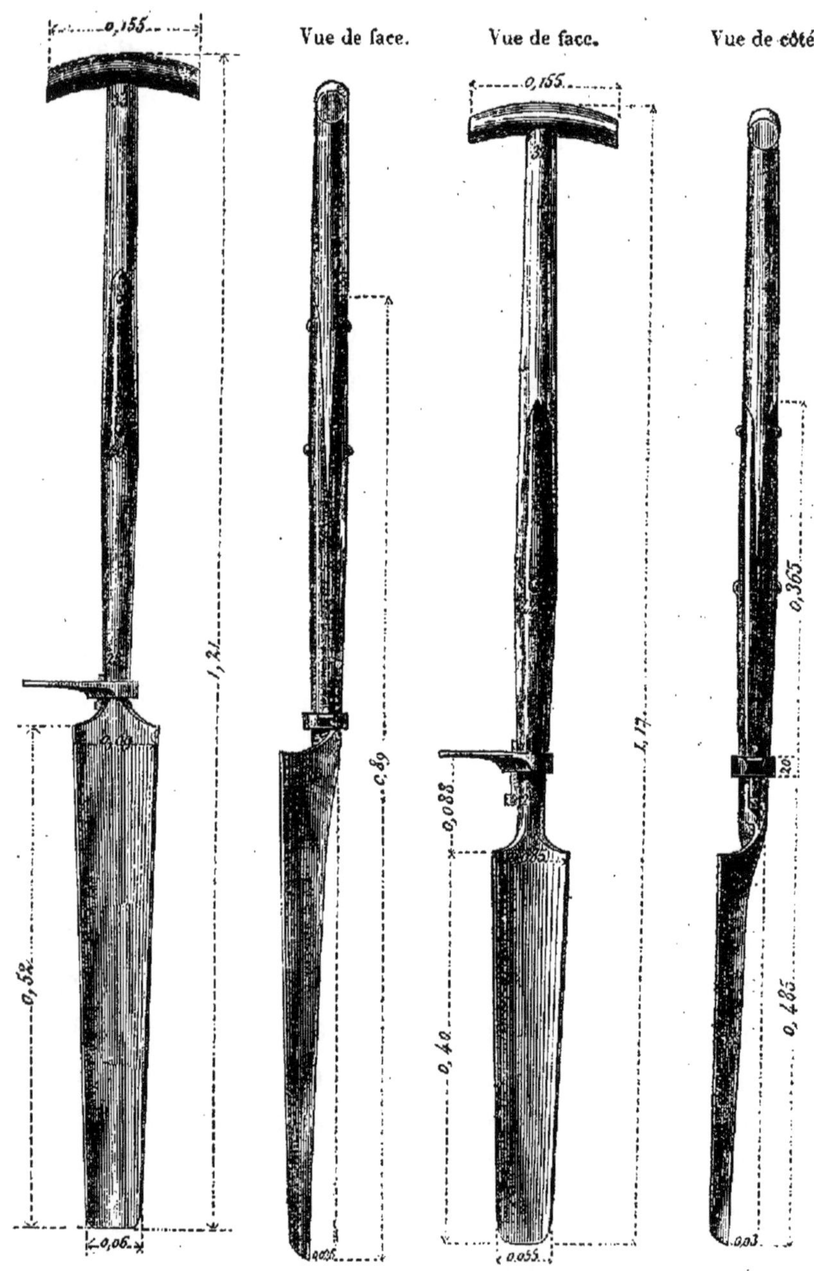


FIG. 32.

Bêche de drainage.

(Échelle de 0,10.)

FIG. 33.

Bêche de drainage

(Échelle de 0,10.)

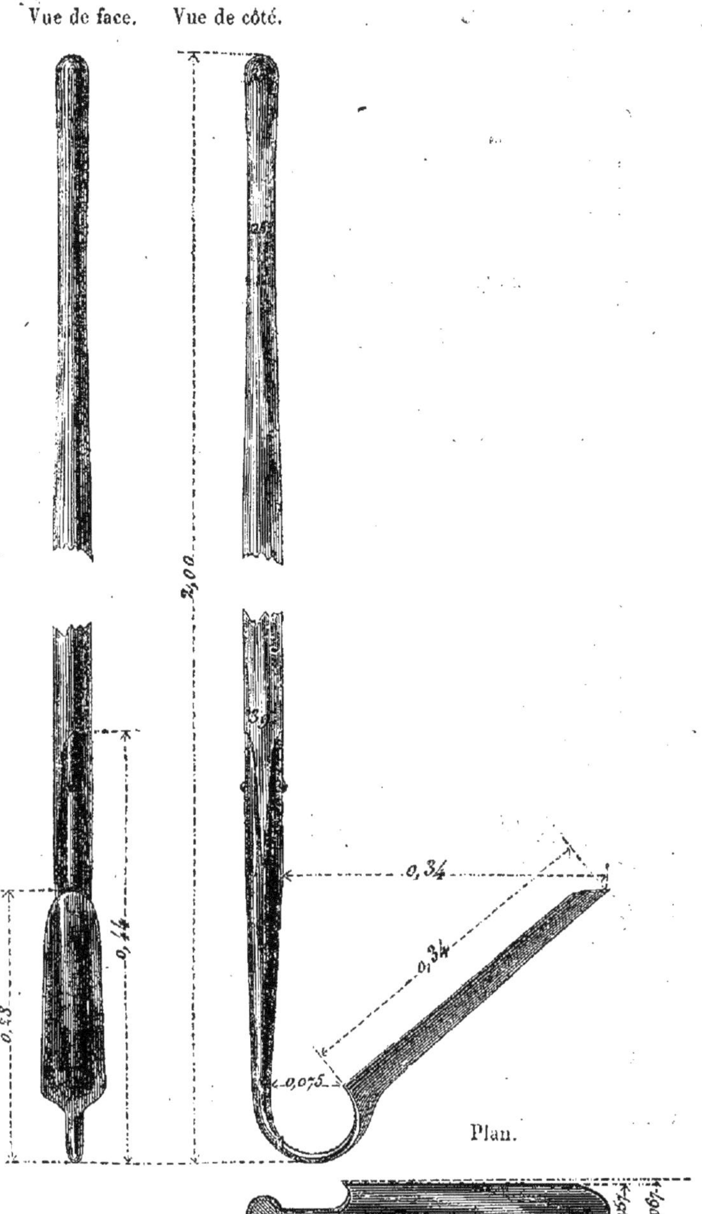


Fig. 34.

Drague de drainage.

(Échelle de 0,10.)

Vue de face.     Vue de côté.

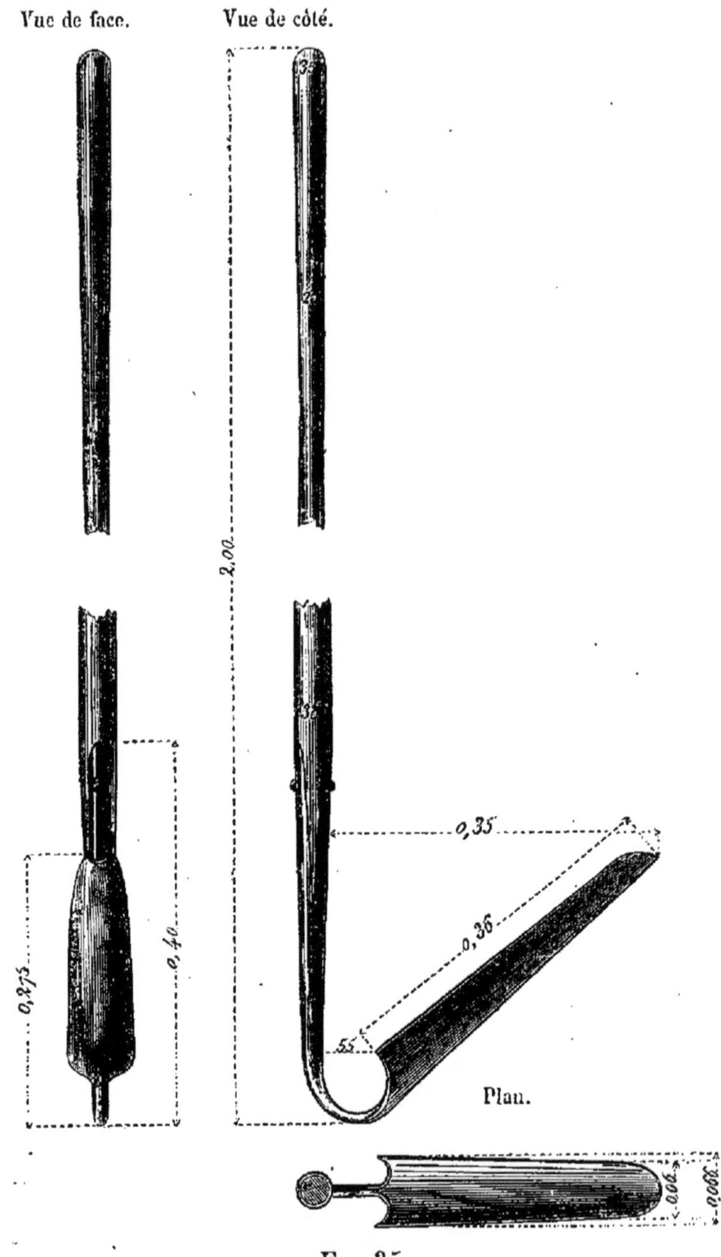


FIG. 35.
Drague de drainage.
(Échelle de 0,10.)

Vue de côté.                    Vue de face.

Plan.

**Fig. 36.**
Drague de drainage.
(Échelle de o,10.)

lariser, avec une espèce de dame demi-cylindrique en fonte. Cet instrument est d'un assez mauvais usage et ne doit pas, en général, être employé par de bons ouvriers.

On a supposé, dans ce qui précède, que la brigade se composait de trois ouvriers, et que le drain était poussé à profondeur par trois levées de terre seulement. Cette méthode exige, pour donner de bons résultats, des ouvriers habiles et robustes, et un terrain de bonne consistance. Ordinairement, les brigades de trois ouvriers font quatre levées de terre. Le premier ouvrier, dans ce cas, trace la tranchée et fait la première levée; le deuxième ouvrier fait les levées suivantes, et le troisième termine l'opération.

On peut aussi organiser les ateliers par brigade de cinq hommes, et alors on n'arrive à la profondeur normale de $1^m,20$ que par quatre levées de terre. Les deux premiers ouvriers tracent la tranchée et enlèvent la première levée de terre, l'un d'eux déblayant le terrain pendant que l'autre cure le fond de cette première saignée et régale les talus. Les deux autres ouvriers font chacun une levée de terre, et le cinquième pousse la tranchée à profondeur et en régularise le fond avec la drague courbe.

Exécution à la tâche.

Aussitôt que les ouvriers, par quelque apprentissage payé à la journée, ont pu se rendre compte de cette nature de travaux, les tranchées doivent toujours être exécutées à la tâche : c'est dire assez qu'il faut laisser aux ouvriers toute latitude pour leur organisation par brigade. Le groupement par trois ouvriers est le mode d'opération le plus or-dinairement employé; mais la division par groupes, soit de trois, soit de cinq hommes, n'est nulle-ment indispensable. On rencontre quelquefois des ouvriers très-adroits qui préfèrent être seuls, d'autres qui exécutent leur tranchée à deux seu-lement, et ainsi de suite.

Il est impossible d'indiquer d'avance la lon-gueur de la tranchée que chaque homme peut ou-vrir par jour; elle varie avec son habileté et la nature du sol. Dans de fortes argiles plastiques, mais sans pierres, chaque ouvrier peut ouvrir de 20 à 30 mètres de tranchées par journée; dans certains sols pierreux, le meilleur ouvrier ne dé-passe pas une longueur de 4 à 5 mètres par jour.

Les bêches de drainage portent toutes une espèce de pédale que montrent bien les dessins précédents, et que l'on voit en plan près de la figure 39. Cette pédale se cale à différentes hau-teurs sur le manche de la bêche, à l'aide d'un petit coin en fer; elle sert à pousser la bêche avec le pied, quelle que soit la profondeur à laquelle on agisse, et quelle que soit l'inclinaison de la lame par rapport aux faces latérales. Les ouvriers draineurs attachent sous leurs souliers, avec un ruban qui contourne le cou-de-pied et la cheville, une portion de semelle en fer (fig. 37) avec laquelle ils appuient sur le bord des bêches ou des pédales pour enfoncer leur outil. Ils attachent aussi quelquefois, à l'extrémité de leurs chaussures, une petite garniture en fer, pour appuyer contre l'instrument en taillant le bord des tranchées.

La portion de semelle représentée fig. 37 ne pèse que 225 grammes ; elle est beaucoup plus commode que les semelles entières que l'on conseille en général.

Plan.

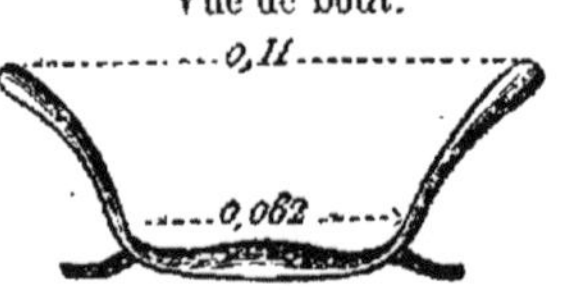

Vue de bout.

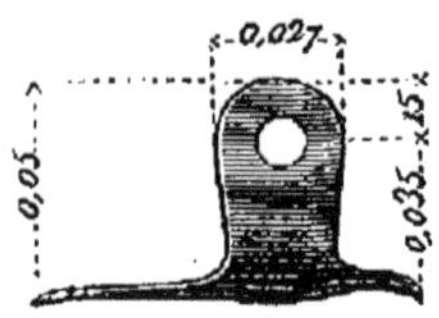

Vue de côté.

Fig. 37.

Semelle en fer.

(Échelle de 0,25.)

Dans les terres argileuses compactes, chaque ouvrier place auprès de lui un seau ou un bac rempli d'eau, où il plonge son outil avant de l'enfoncer dans le sol. Cette précaution réduit beaucoup l'adhérence et la ténacité du sol.

Les terrassiers exercés acquièrent rapidement l'habitude des instruments de drainage ; cependant il est quelques tendances contre lesquelles on doit lutter dès l'origine, pour les empêcher de dégénérer en habitude.

Beaucoup d'ouvriers prennent d'une main, comme pour les pelles ordinaires, la poignée ou la béquille de la bêche, et saisissent le manche de l'autre main. Il ne faut point opérer ainsi : on doit tenir la tête du manche à deux mains, et appuyer sur la bêche ou sur la pédale, avec le pied, jusqu'à ce qu'elle ait atteint la profondeur voulue ; on tire alors à soi la poignée, par petites secousses, pour détacher le prisme de terre ; puis on fait descendre l'une des mains le long du manche de l'outil, pour soulever ce prisme de terre et le déposer sur le bord de la fouille.

Le talus de chaque prise de terre doit être dirigé dans la direction du talus de la prise précédente, afin que les parois de la tranchée présentent des plans régulièrement inclinés depuis la surface du sol jusqu'au fond. C'est la partie du travail qui demande peut-être le plus d'adresse et d'habitude.

Les ouvriers qui débutent tendent toujours à donner aux faces des tranchées une direction verticale, ou même rentrante ; puis, arrivés au fond avec une largeur trop grande, ils ouvrent, par une retraite brusque (fig. 38), l'emplacement du tuyau.

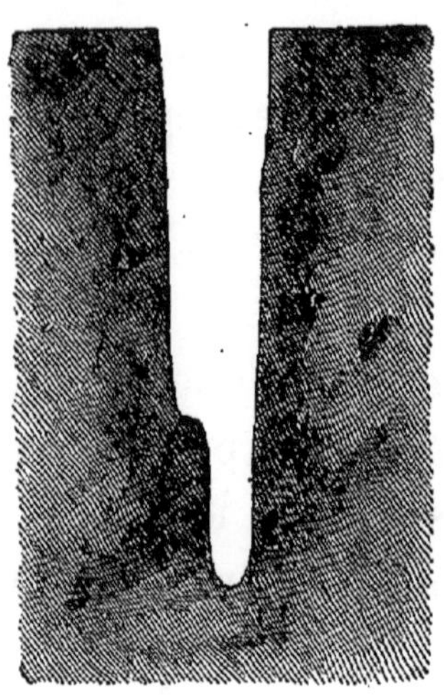

Fig. 38.

Profil vicieux de tranchée.

En opérant ainsi, on enlève évidemment un volume de déblai trop considérable, et il arrive, de plus, que le lit du drain n'est jamais en ligne droite.

Tout ce qui précède s'applique à l'ouverture des tranchées dans un sol se laissant entamer à la bêche. Les détails dans lesquels on est entré permettront d'abréger beaucoup ce qui reste à dire des autres terrains.

*Terrain graveleux et résistant.* Si le terrain est graveleux, ou trop dur pour se laisser couper à la bêche, soit dans toute la profondeur du drain, soit sur certaine partie de cette profondeur, et si, cependant, il ne nécessite pas encore l'emploi du pic, on emploie une forte bêche étroite, fig. 39. Cette bêche désagrége le sol, mais elle enlève rarement un prisme bien défini : le curages à la pelle ou à la drague deviennent alors plus importants que dans le cas précédent.

*Terrains très-durs.* Enfin, quand le terrain résiste à la bêche, on emploie la pioche, ou le pic, ou bien l'une des formes de pic à pédale représentées par les fig. 40 et 41.

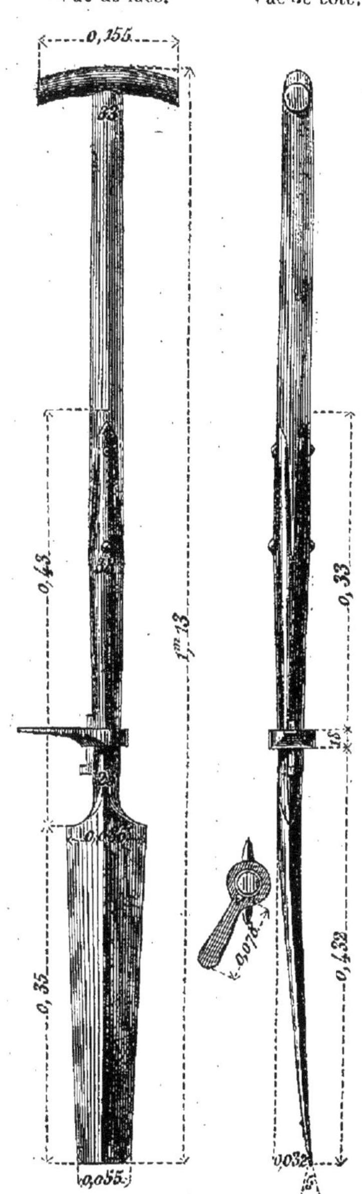



Fig. 39.
Bêche pour les terrains graveleux.
(Échelle de 0,10.)

Chaque piocheur est alors suivi d'un ouvrier armé d'une pelle, qui enlève les déblais ameublis par le premier instrument. Dans ce cas, qui, heureusement, se présente assez rarement, il faut donner aux tranchées beaucoup plus de largeur que nous ne l'avons indiqué, puisque les ouvriers doivent pouvoir, dans toute leur profondeur, y travailler à l'aise.

Dans les terrains difficiles dont il s'agit, on rencontre quelquefois des pierres volumineuses, que l'on ne peut enlever qu'en élargissant suffisamment la tranchée. Quand l'obstacle est trop volumineux pour être enlevé ainsi, il faut le con-

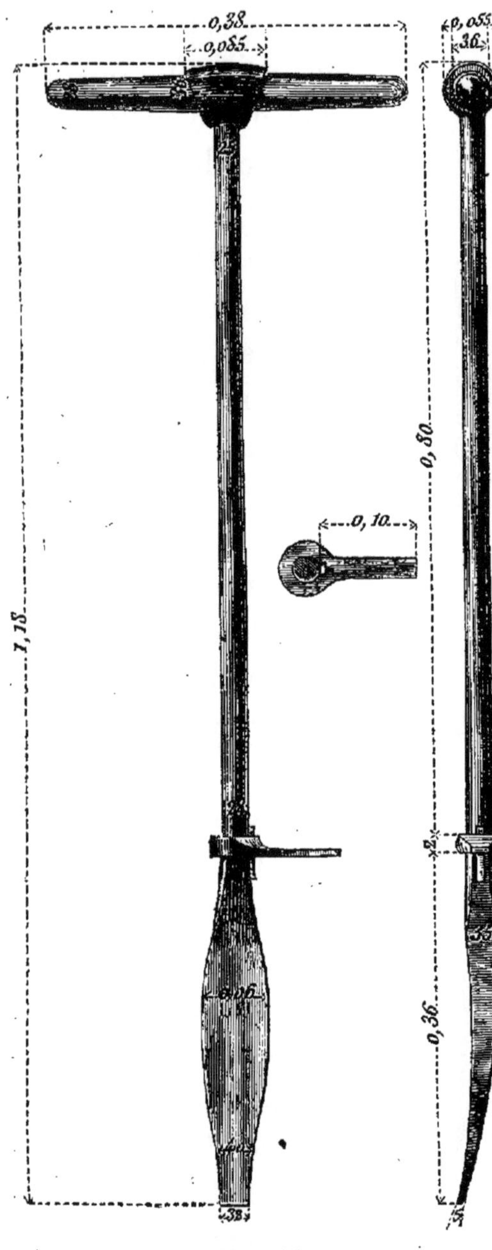



Fig. 40.

Pic à pédale français.

(Échelle de 0,10.)

tourner en déviant la tranchée. Ces circonstances se présentent souvent dans certains terrains à meulières, tels que ceux de Satory, qui ont cependant un grand besoin de drainage.

Une autre classe de terrains que l'on rencontre assez fréquemment et qui présentent de grandes difficultés, et même des dangers, sont les sols ébouleux qui ne peuvent se main-

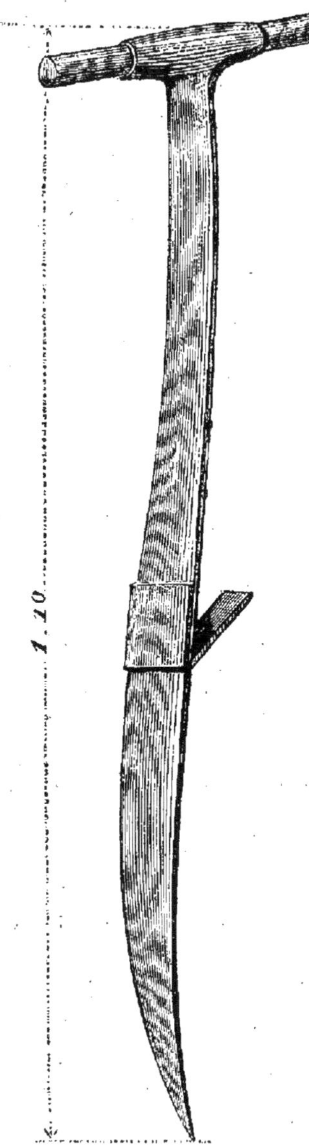

FIG. 41.

Pic à pédale anglais.

(Échelle de 0,10.)

tenir sous l'inclinaison des talus des tranchées. Dans ce cas, il faut soutenir les talus avec de fortes planches longitudinales maintenues par des étrésillons (fig. 42).

Si le terrain est très-coulant, on place même de la paille ou des fascines entre le sol et les planches.

Le boisage des tranchées très-étroites est difficile et augmente beaucoup la dépense; on est généralement obligé d'augmenter la largeur des tranchées dans les terrains qui rendent nécessaire cette opération.

Avec ces précautions, et en posant les tuyaux aussitôt après l'ouverture de la tranchée, on peut traverser sans trop

Fig. 42.

Tranchée étrésillonnée.

de difficultés des terrains très-mobiles. Cependant, il convient, dans ces circonstances, de recourir à l'expérience de constructeurs de profession et de n'employer que d'excellents ouvriers ; car alors la plus légère faute n'entraîne pas seulement un accroissement de dépense considérable, mais peut quelquefois compromettre la sûreté des travailleurs.

Il est, du reste, inutile d'ajouter que les terrains dont nous avons parlé en dernier lieu ne se présentent qu'exceptionnellement, et qu'il serait, dès lors, inutile d'insister ici sur la description des moyens à employer pour les traverser.

Mise à part de la couche végétale. La levée de terre qui doit être replacée à la partie supérieure de la tranchée, après son remplissage, doit être déposée du côté opposé à celui où l'on rejette les autres terres. En général, cette levée est la première ; elle se compose de terre végétale, et l'on doit bien se garder de la jeter au fond du drain. Inutile d'ajouter que l'on choisit pour le côté où se fait ce dépôt celui où l'ouvrier jette le moins facilement, afin de réserver celui qui est à sa main pour le jet de la masse la plus considérable.

Quelle que soit d'ailleurs la nature du terrain traversé et la marche suivie pour ouvrir une tranchée, la partie du travail qui exige le plus de soin et d'attention consiste à régler parfaitement la pente de son fond. Il faut maintenant expliquer soigneusement comment les ouvriers obtiennent ce résultat, et comment on s'assure que cette condition *essentielle* de succès est complétement remplie.

Règlement des pentes.

Certains ouvriers prétendent s'assurer que le fond de la tranchée présente une pente régulière en y versant un peu d'eau, et en vérifiant qu'elle s'écoule sans rencontrer d'obstacle. D'autres, plus confiants encore, affirment qu'ils reconnaissent à la seule inspection les plus légères ondulations. De semblables méthodes d'appréciation sont faciles à juger : elles doivent être proscrites de tout travail bien dirigé.

On se rappelle que les têtes des piquets qui servent au tracé des drains (page 121) sont tous à la même hauteur au-dessus du fond des tranchées, et que ces piquets sont espacés de 50 mètres au plus les uns des autres. Il est donc très-facile, en s'aidant de trois mirettes de paveur, ou même simplement en bornoyant les têtes des deux piquets extrêmes, d'enfoncer au milieu de l'intervalle qui sépare deux piquets consécutifs un petit piquet provisoire, dont le sommet soit précisément sur la ligne droite qui passe par les têtes de ces deux piquets. Il est clair alors qu'en tendant fortement un cordeau entre les têtes de ces trois piquets, il sera parallèle et à une hauteur connue au-dessus du fond de la tranchée à ouvrir.

Il suffira alors, pour fixer en chaque point la profondeur du fond de cette tranchée, d'appuyer sur le cordeau $a$ (fig. 43) la petite branche $bc$ d'une croix en bois léger, dont la grande branche $cd$ aurait la longueur qui doit exister entre le fond de la tranchée et le cordeau lui-même. On procède quelquefois de cette manière ; mais l'emploi de la croix de bois, ou de l'équerre graduée qui peut la remplacer, et la position du cordeau

Fig. 43.
Règlement des pentes.

à une certaine distance du bord de la tranchée, où peuvent quelquefois se trouver des dépôts de déblai, rendent assez peu commode cette manière

de procéder, que l'on simplifie, en pratique, de
la manière suivante.

On enfonce horizontalement dans la face presque verticale de la tranchée (fig. 44), au droit des

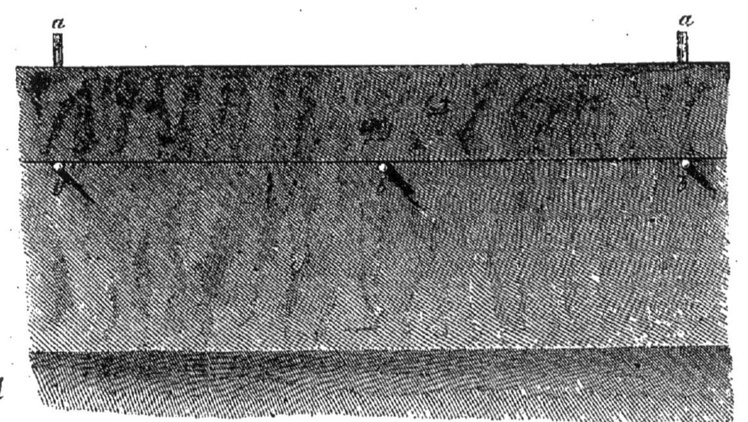

FIG. 44.

Règlement des pentes,

gros piquets $a\,a$ primitivement placés, et à $0^m,40$,
par exemple, au-dessous de leur tête, de petits piquets provisoires $b\,b$. Si la distance des piquets $a\,a$
excède 20 à 25 mètres, on place un troisième
piquet provisoire $b'$ entre les piquets $b\,b$ et sur la
même ligne, et, enfin, on tend un cordeau sur ces
trois piquets $b\,b'\,b$, à quelques centimètres en avant
de la face du terrain. Ce cordeau est parallèle à
la ligne qui joint les têtes des piquets $a\,a$; et, par
conséquent, il est lui-même parallèle au fond
de la tranchée. Dès lors, il suffit de tenir à la main
une petite baguette, d'une longueur égale à la

distance qui doit exister entre cette ligne $b\,b'\,b$ et le fond $d,\ d$ de la tranchée, pour reconnaître les points qu'il faut approfondir ou ceux qu'il faut remblayer, si, par maladresse, on a trop creusé quelques parties de la fouille.

Vérification du profil.

Aussitôt après l'ouverture des tranchées et avant de commencer la pose des tuyaux, le surveillant doit soigneusement vérifier les dimensions de ces tranchées. Il y parvient facilement en essayant d'y introduire un petit gabarit (fig. 45), formé de deux ou trois règles solidement fixées les unes aux autres. On doit faire faire autant de ces gabarits que l'on a de types de sections de tranchées. Quelquefois, on se contente d'un seul gabarit formé de pièces mobiles et graduées, mais cet instrument, toujours sujet à se déranger, n'offre pas assez de garanties.

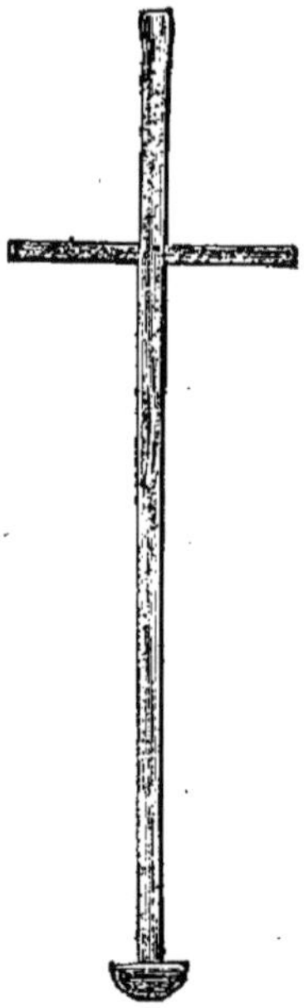

Les tranchées doivent présenter une forme parfaitement régulière, des faces bien dressées et un fond parfaitement uni. On doit se montrer aussi sévère pour les augmentations de largeur que pour les rétrécissements et les bosses des talus. Le profil, une fois adopté, doit être

Fig. 45.
Gabarit pour la vérification du profil transversal.

scrupuleusement suivi. En tenant fortement la main, dès l'origine, à la parfaite exécution des tranchées, les ouvriers en acquièrent promptement l'habitude, et le travail gagne à la fois en vitesse et en perfection.

L'uniformité de la pente du fond des tranchées est plus importante encore, comme on l'a déjà dit, que celle de leur profil transversal. Elle doit être l'objet d'un examen minutieux, répété au moment  de la réception des tâches des ouvriers, avant la pose des tuyaux et quelquefois même après cette pose, au commencement du remplissage.

Quand on emploie les cordeaux, comme on l'a expliqué, il est d'abord très-facile de constater que la profondeur de la tranchée au-dessous du cordeau directeur est bien constante. Mais, pour avoir une vérification plus complète et s'assurer que ce cordeau lui-même est bien placé, on se sert de trois mirettes (fig. 46) analogues à celle des paveurs, mais ayant environ $1^m,80$ à 2 de hauteur.

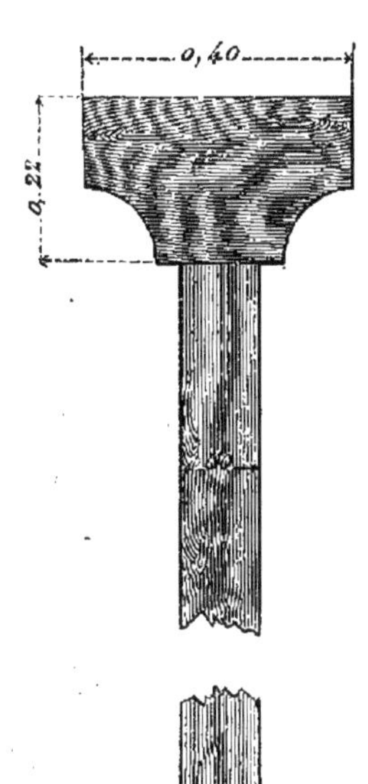

Fig. 46.
Mirette.
(Échelle de 0,05.)

On place deux de ces mirettes (fig. 47) au droit

FIG. 47.
Vérification des pentes des tranchées.

de deux piquets de repère *a a*, en s'assurant que
leur pied est à la profondeur voulue au-dessous
de la tête de ce piquet; puis, se plaçant en ar-
rière de la mirette *b*, et bornoyant la ligne de foi
de la seconde *d*, on fait placer la troisième *c* en
différents points de la tranchée, et l'on s'assure
que, dans ces diverses positions, la ligne de visée
*b d* affleure toujours exactement le dessus de la
mirette intermédiaire *c*.

Pour placer le pied des deux mirettes extrêmes
*b* et *d* à la profondeur voulue au-dessous des têtes
des piquets de repère, on peut employer bien des
moyens faciles à imaginer. L'un des plus simples
consiste à poser sur le piquet, en le plaçant per-

pendiculairement à la tranchée, un grand niveau
de maçon (fig. 48), et à s'assurer que le dessous

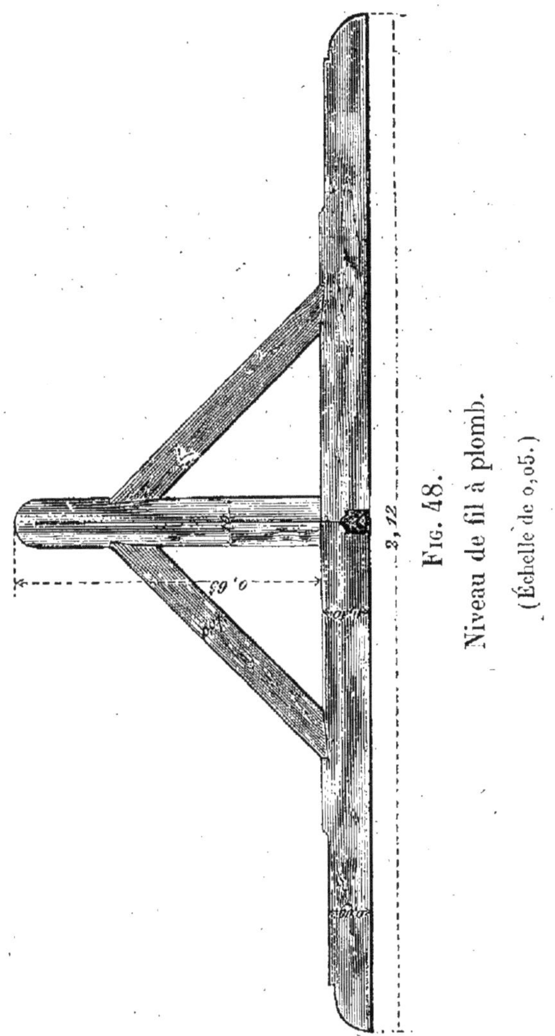


de sa règle rencontre le pied de la mirette contre
lequel on l'appuie, le fil étant au repère, précisément contre une marque faite à l'avance à une

distance du pied égale à la hauteur adoptée pour la position des têtes des piquets au-dessus du fond des tranchées.

Le niveau de maçon, représenté par la figure précédente, sert aussi quelquefois à vérifier la pente des tranchées ou des files de tuyaux; à cet effet, on le pose sur la ligne dont on veut vérifier la pente, et on s'assure que le fil s'écarte de la verticale d'une quantité correspondante à la pente adoptée. Ce mode de vérification est beaucoup moins précis et moins commode que celui qui vient d'être indiqué; mais il peut rendre des services aux personnes qui n'ont pas l'habitude des mirettes.

# CHAPITRE III.

### QUALITÉS, TRANSPORT ET POSE DES TUYAUX.

Les tuyaux de drainage à peu près exclusivement employés aujourd'hui sont en terre cuite
(fig. 49); ils sont cylindriques. Leur longueur

Fig. 49.

Tuyau de drainage.

(Échelle de 0,10.)

varie de $0^m,30$ à $0^m,40$
et leur diamètre de
$0^m,03$ à $0^m,20$, suivant
le volume d'eau dont ils
doivent assurer l'écou-
lement; leur épaisseur est de $0^m,01$ environ, pour
les plus petits. Toutes les formes de tuyaux pro-
posées sont moins bonnes que la forme cylindrique.

Les extrémités des tuyaux sont engagées en général dans des colliers, également en terre cuite,
de $0^m,07$ à $0^m,10$ de longueur, dont le diamètre
est tel que le tuyau entre facilement dans le collier (fig. 50 et 51). On a quelquefois proposé

Fig. 50.

Tuyaux avec collier.
(Échelle de 0,10.)

12.

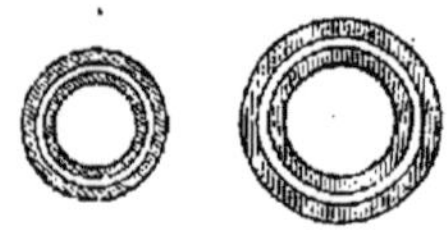

Fig. 51.

Coupes de tuyaux
et de colliers
de divers diamètres.

d'employer des colliers criblés de trous, pour rendre plus facile l'introduction de l'eau dans le tube de terre. Cette disposition, qui augmentait le prix des colliers tout en diminuant leur solidité, a été reconnue inutile et même nuisible; l'eau trouve bien assez d'issues entre les joints imparfaits des tuyaux. Des ouvertures plus larges, surtout à la partie supérieure d'un tuyau, ne peuvent que faciliter l'introduction des corps solides et concourir ainsi à la dégradation de l'ouvrage.

L'emploi de colliers n'est malheureusement pas aussi répandu en France que l'on pourrait le désirer. Il offre cependant de nombreux avantages, et assure aux travaux un degré de perfection difficile à atteindre par les autres moyens employés pour les remplacer.

Raccordements.

Le raccordement de deux lignes de drains s'effectue au moyen d'une ouverture circulaire pratiquée dans le plus gros tuyau, et dans laquelle pénètre le plus petit (fig. 52).

Ces tuyaux percés d'une ouverture se fabriquent très-simplement, et ne coûtent qu'un tiers environ en sus du prix des tuyaux ordinaires de même dimension.

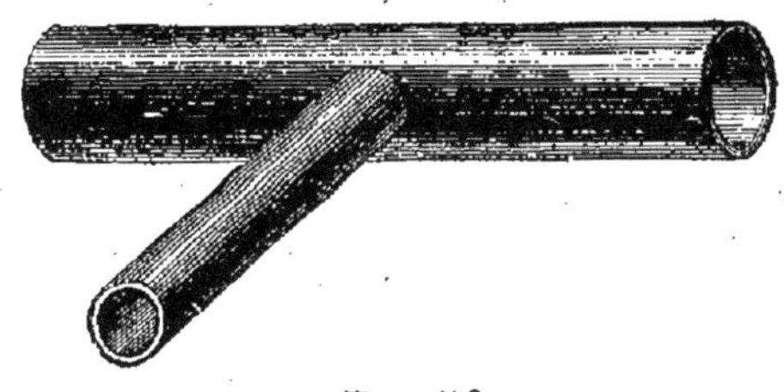

FIG. 52.

Raccordement de deux lignes de drains.



On ne doit employer que des tuyaux de très-bonne qualité : on ne saurait à cet égard se montrer trop sévère.

Les bons tuyaux présentent les caractères suivants :

Ils doivent, par le choc, rendre un son sec, très-clair, un bruit *vif,* comme disent les ouvriers; leur forme doit être régulière.

Plongés dans l'eau pendant une dixaine d'heures, après avoir été bien desséchés, ils ne doivent pas absorber plus de 15/100 de leur poids de ce liquide, soit 146 grammes pour un tuyau pesant 997$^g$,5.

Au delà des dix ou douze premières heures, le poids de l'eau absorbée ne doit pas augmenter avec la durée de l'immersion.

Les tuyaux de bonne qualité, mis à bouillir pendant une dizaine de minutes dans une dissolution contenant deux parties de sulfate de soude pour une partie d'eau, puis retirés de ce bain et exposés à l'air et à l'humidité, résistent à cette épreuve pendant plusieurs jours sans se briser.

Exposés aux premières gelées de l'hiver sur un

pré, ils doivent également résister à cette influence destructive.

Il ne doit exister que très-peu de chaux dans la pâte des tuyaux bien fabriqués. Cette substance ne doit jamais y entrer pour plus de 10 à 12 p. 0/0. Il est bien entendu, d'ailleurs, que la chaux doit être à l'état de *combinaison* dans la masse et ne *jamais* s'y trouver en grumeaux isolés. La cuisson des tuyaux à pâte calcaire doit être encore plus soignée que celle des tuyaux à pâtes dépourvues de cet élément.

Il faut rebuter tout tuyau présentant, dans le sens de sa longueur, plus de $0^m,005$ à $0^m,006$ de flèche (fig. 53), et plus de $0^m,005$ d'oval dans le sens de sa section transversale.

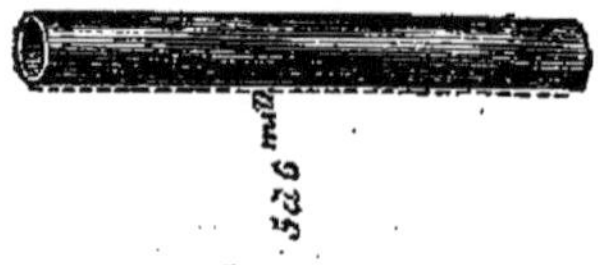

Fig. 53.

Le mille de tuyaux de $0^m,030$ à $0^m,035$ de diamètre intérieur pèse habituellement de 750 à 950 kilogrammes.



Quand le piquetage d'un terrain à drainer est terminé, il faut s'occuper du transport sur place des tuyaux.

Les voitures les déposent par tas dans les parties du champ où ils ne peuvent pas gêner le travail. Aussitôt que l'ouverture des tranchées sera commmencée, et que la première levée de terre est jetée en réserve sur l'un des côtés, on distribue les tuyaux le long des drains, en les déposant sur le déblai en nombre suffisant, et de façon que le poseur puisse les prendre facilement auprès du point où chacun d'eux doit être placé.

Si l'on emploie des manchons, chaque tuyau est introduit à l'avance dans son manchon.

Le transport des tuyaux, des tas de dépôt aux tranchées, se fait à l'aide d'une civière légère à quatre pieds, portée par deux hommes. Cette civière est garnie à chaque extrémité d'une planche verticale, pour empêcher les tuyaux de rouler. La distribution des tuyaux le long des tranchées peut être confiée à des enfants.

Lorsque toutes les dispositions précédentes ont été prises, on peut s'occuper de la pose des tuyaux aussitôt après l'achèvement de la tranchée et la vérification de son profil transversal ou de sa pente longitudinale.

La pose des tuyaux exige beaucoup de soin ; elle doit être confiée à un ouvrier exercé, et constamment surveillée par le directeur du travail.

Quand on emploie des colliers, les tuyaux s'y engagent et sont ainsi maintenus à la suite les uns des autres. On cale les tuyaux et leurs colliers, au fond de la tranchée, au moyen de quelques petites pierres ou de terre émiettée, soigneusement appliquée et un peu pilonnée, sur laquelle on jette ensuite la terre extraite de la tranchée et déposée sur un de ses côtés.

Lorsqu'on n'emploie pas de colliers, on met les tuyaux bout à bout aussi exactement que possible, on les assujettit à leurs points de raccordement au moyen de quelques tessons provenant de tuyaux cassés ou de tuiles, par-dessus lesquels on tasse fortement une motte de terre argileuse aussi grosse que possible, et l'on termine le remplissage comme dans le premier cas. Ce mode de pose est plus délicat que le premier; il demande plus de temps et d'adresse, et il ne peut jamais offrir autant de garanties. Ces désavantages font plus que compenser la très-faible économie qu'il peut présenter sur l'emploi des colliers, dont nous ne pouvons trop souvent recommander l'usage, surtout aux personnes qui sont obligées de confier leurs travaux à une surveillance étrangère, et qui ne peuvent pas poser elles-mêmes, et un à un, pour ainsi dire, leurs tuyaux de drainage.

Pour déposer au fond des tranchées étroites et profondes les tuyaux de terre et leurs colliers, on emploie un instrument appelé *broche*, représenté par la figure 54. L'ouvrier le tient par le manche en bois, et introduit dans le tuyau la tige placée à l'extrémité; il enlève ainsi ce tuyau et le dépose à la place qu'il doit occuper. La tige $a$ entre dans le tuyau, qui vient s'appuyer contre l'épaulement $b$.

La longueur *bd* de cet épaulement est égale à la moitié de celle du collier, son diamètre est supérieur au diamètre intérieur du tuyau et inférieur à celui du collier; de sorte qu'on maintient ainsi · le tuyau et le collier dans la position relative qu'ils doivent occuper. Il est donc facile d'introduire l'extrémité libre du tuyau dans le collier qui la précède, déjà déposé de la même manière au fond de la tranchée.

Quand on pose les tuyaux sans collier, on peut employer une broche sans épaulement, comme celle représentée fig. 55. Quelle que soit

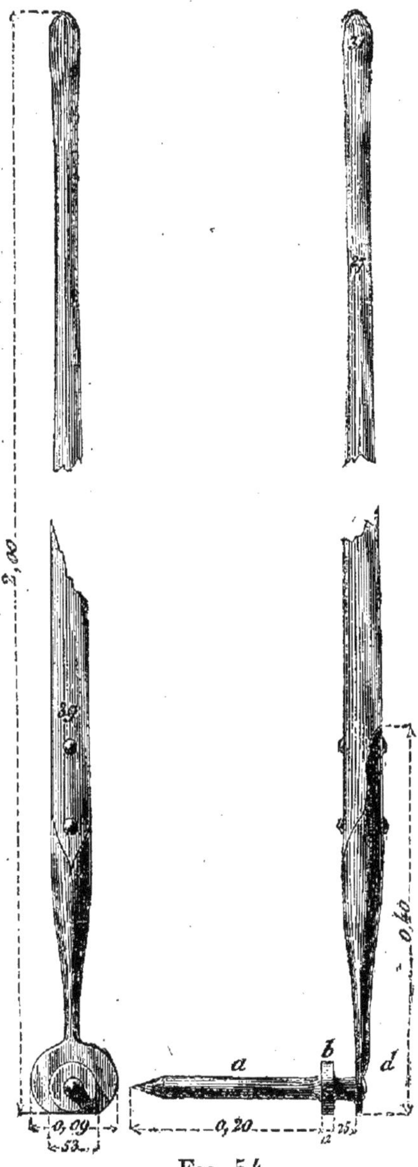

Fig. 54.

Broche à poser les tuyaux avec colliers.

(Échelle de 0,10.)

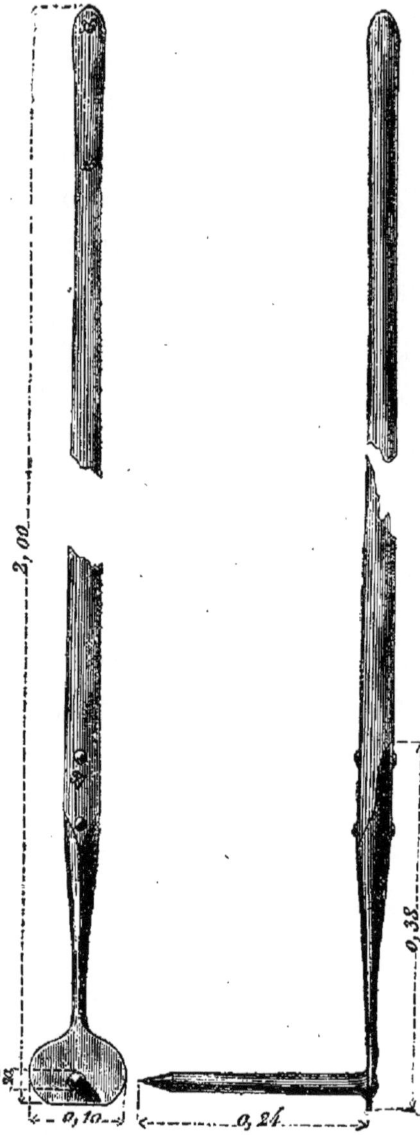

FIG. 55.
Broche à poser les tuyaux
sans collier.

(Échelle de 0,10.)

la broche employée, l'ouvrier poseur se place sur le bord de la tranchée, ou bien, si elle est assez étroite, avec un pied sur chaque bord. En imprimant à la broche garnie de son tuyau une série de petites secousses, on donne à ce tuyau un certain mouvement de rotation qui permet de trouver la position dans laquelle son assiette et son contact avec le tuyau précédent sont le mieux établis. L'ouvrier poseur retire alors sa broche ; il frappe légèrement avec l'instrument sur le tuyau pour le bien asseoir ; puis, il prend un nouveau tuyau qu'il pose comme le précédent.

Les joints des tuyaux posés sans manchons doivent être recouverts, comme on vient de le dire, de quelques tessons, sur lesquels on dépose une forte pelote d'argile plastique fortement tassée et remplissant bien le fond de la tranchée. La pose des tessons et de la terre se fait à la main, quand la tranchée est assez large pour que l'ouvrier puisse y atteindre, et c'est le parti que l'on prend ordinairement; de sorte que l'absence de manchons conduit indirectement à élargir les tranchées. Pour éviter cet inconvénient, quelques personnes posent les tessons avec une longue pince en bois semblable aux pinces à échardonner, et que l'on manœuvre du haut de la tranchée.

On a quelquefois conseillé de recouvrir d'un lit de paille de seigle ou d'avoine les tuyaux posés sans manchons. Cette pratique doit être absolument proscrite de tout travail bien fait. Dans les sols extrêmement coulants, on peut être accidentellement obligé de poser quelques tuyaux sur un lit de paille; mais on devrait recourir à un autre mode d'assainissement si ce procédé devenait nécessaire sur une grande étendue de terrain.

On comprend, par ce qui précède, combien la pose des tuyaux sans collier exige de soins, et combien elle rend probables des malfaçons nombreuses. Un poseur peut mettre en place trois à quatre cents tuyaux garnis de colliers en une heure;

il peut à peine, avec beaucoup plus de fatigue, en placer le tiers en recouvrant les joints de tessons et de terre. Ce fait, et les observations précédentes, expliquent la préférence que nous donnons aux manchons sur tout autre mode de pose.

Les très-gros tuyaux se posent à la main au fond des tranchées qui doivent les recevoir, et qui sont assez larges pour que l'ouvrier puisse y pénétrer. On doit les poser avec beaucoup de soin, établir le plus complétement possible le contact de leurs extrémités, les caler fortement dans la tranchée, pour qu'ils ne se dérangent pas pendant le remplissage, et, enfin, mettre sur les joints quelques tessons recouverts d'une forte pelotte d'argile bien malaxée et très-soigneusement tassée.

Quand on n'a pas de tuyaux assez gros pour le volume d'eau à débiter, on en place deux de même grosseur, l'un à côté de l'autre, et même, au besoin, on en superpose un troisième sur les deux premiers. On s'arrange pour que les joints des différentes files de tuyaux ne concordent pas les uns avec les autres.

Vérification de la pose.

Avant de laisser procéder au comblement de la tranchée, et même quand il s'agit de tuyaux sans manchons au recouvrement des joints, le surveillant doit vérifier exactement la pose, s'assurer que tous les tuyaux sont bien en contact à leurs extrémités et qu'ils forment une ligne droite parfaitement continue. Pour atteindre ce but, il convient de vérifier encore la pente avec les nivelettes, ou bien à l'aide du grand niveau de maçon dont il a déjà été parlé (p. 133). Cet instrument porte une division que parcourt la pointe du plomb; cette division exprime des pentes : dans toutes les positions de l'instrument sur une même ligne de tuyaux, la pointe du plomb doit évidemment s'arrêter toujours au même point. Ce moyen, et tous ceux du même genre imaginés pour vérifier la pente des tuyaux avec des niveaux de pente, peut évidemment donner de bons résultats, mais il est certain que l'usage des nivelettes est plus sûr et plus prompt, quand on a suivi la marche systématique que nous avons indiquée, en employant un plan nivelé et des piquets de repère assez nombreux et assez soigneusement posés.

Les manchons ne sont autre chose, comme on le verra plus loin, que des tuyaux d'un diamètre convenable, partagés en trois ou quatre parties par une section circulaire pénétrant à moitié de leur épaisseur. Quand cette section a été bien faite, il suffit d'un coup sec, frappé à faux, pour séparer les manchons les uns des autres. Si la rupture se fait mal et entraîne un déchet par la casse des manchons, on peut les séparer à l'aide

Manchons ou colliers.

d'un ciseau à froid, dont on place le tranchant dans le joint et que l'on frappe légèrement. On arrive plus facilement encore au même résultat à l'aide du petit marteau à tranchant et à pointe représenté de face et de côté par la figure 56.

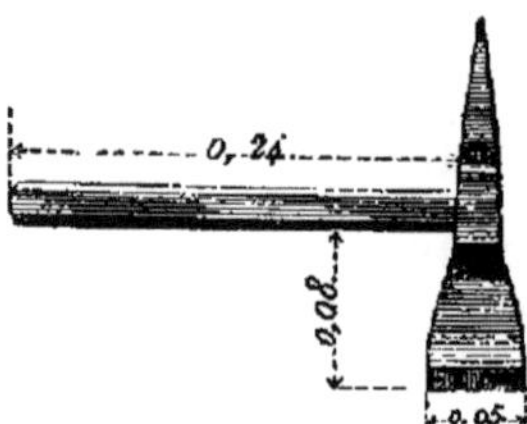

Fig. 56.

Marteau à fendre et à percer les tuyaux.

(Échelle de 0,10.)

Il arrive quelquefois que les tuyaux préparés pour manchons viennent à manquer. Dans ce cas, on peut faire des manchons avec des tuyaux ordinaires; il suffit pour cela de les scier par tronçons, s'ils ne sont pas trop durs, ou de pratiquer avec le tranchant de la hachette précédente une entaille circulaire qui permet de rompre régulièrement le tuyau.

La pointe de ce petit marteau sert à faire dans les tuyaux les ouvertures cylindriques nécessaires aux raccordements (fig. 52 ci-dessus), quand, accidentellement, on vient à manquer de tuyaux préparés à cet effet avant leur cuisson.



On rappellera ici la règle donnée pour le raccordement des lignes de drains : il faut que les arêtes supérieures des deux tuyaux soient dans un même plan. Les raccordements établis par des tubes courbes, arrivant à la partie supérieure du plus gros tuyau, et par diverses autres méthodes, fournissent de moins bons résultats et exigent plus de soin et des matériaux plus coûteux.

Il arrive quelquefois que l'on est conduit à raccorder entre elles deux lignes de drains de même diamètre. On y parvient au moyen d'un tuyau de raccordement d'un diamètre supérieur, disposé au point de rencontre comme le montre la figure 57.

Fig. 57.

Raccordement de lignes du même diamètre.

On a vu qu'il fallait ouvrir les tranchées en allant de l'aval vers l'amont, et en commençant par les maîtres-drains. Cette manière de procéder n'est pas toujours applicable à la pose des tuyaux. Si le temps est beau et le terrain sec, on peut, il est vrai, sans inconvénient, commencer la pose et le remplissage par le bas des tranchées. Cependant, s'il survient de la pluie avant l'entier achèvement du travail, il faut soigneusement boucher l'entrée des lignes de tuyaux, pour qu'ils ne se remplissent pas d'eaux troubles. Il est donc toujours préférable de commencer la pose par le haut des tranchées : il est même indispensable d'agir ainsi dans les terrains mouillés ou détrempés.

Si le fond de la tranchée est délayé et rempli de boue, il est nécessaire de la balayer vers l'aval avant de poser chaque tuyau, afin qu'il soit toujours sur un sol sain et solide, et qu'il ne puisse se remplir de matières boueuses.

Dans les terrains très-mouillés, il faut laisser quelques jours d'intervalle entre l'avant-dernière et la dernière levée de terre, pour donner au sol le temps de s'égoutter un peu, et ne faire la dernière levée qu'au moment même de la pose, pour ne pas laisser l'eau délayer le fond de la fouille.

Dans tous les cas, le dernier tuyau d'amont de chaque tranchée doit être bouché avec une pierre recouverte d'argile grasse, pour empêcher l'introduction dans ce tuyau des terres délayées par l'eau.

La pose des tuyaux ne doit être confiée qu'à des ouvriers de confiance payés à la journée et largement rétribués.

# CHAPITRE IV.

### REMPLISSAGE DES DRAINS.

Lorsque la pose des tuyaux a été vérifiée par le surveillant, il faut procéder, sans aucun délai, au remplissage des tranchées. Les files de drains ne doivent jamais rester découvertes; car une ondée, et même la malveillance, pourrait faire perdre le fruit d'un travail difficile.

On choisit pour mettre immédiatement sur les drains la terre la plus argileuse extraite de la tranchée, on l'émiette soigneusement et on la jette à la pelle avec précaution sur les tuyaux, en couche de $0^m,15$ à $0^m,25$ d'épaisseur. Cette première couche doit être piétinée avec la plus scrupuleuse attention ou battue avec un petit pilon en bois, si la tranchée est trop étroite pour qu'un homme puisse y marcher.

Si l'on opère dans un sol où les obstructions ferrugineuses soient à craindre, le tassement de cette première couche de remblai doit être encore plus soigné que dans les cas ordinaires. On y revient, dans ce cas, à deux ou trois reprises diffé-

Fig. 58.

Vue de côté
de la houe à remplir les tranchées.

(Échelle de 0,10.)

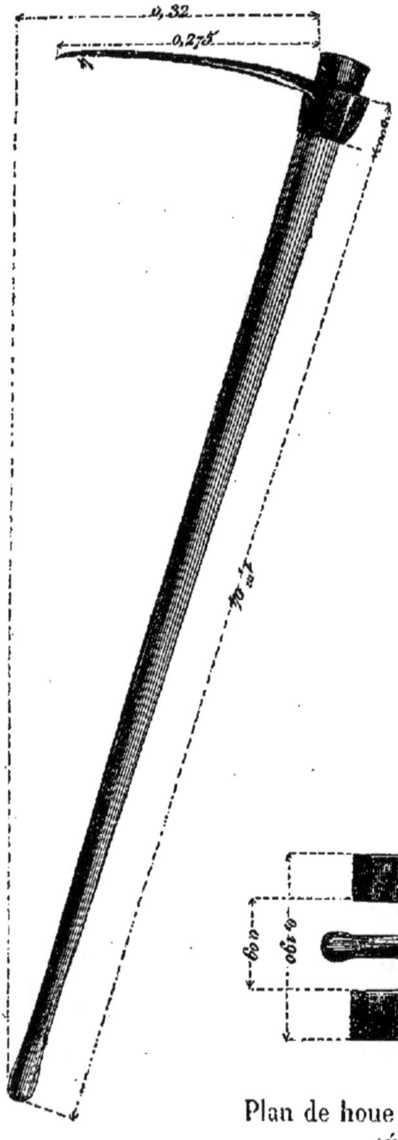

rentes, à quelques heures de distance, en humectant la terre si cela est nécessaire.

On fait alors tomber dans la tranchée, avec une pelle ordinaire, ou avec une espèce de houe à long manche, à deux ou trois dents (fig. 58 et 59), une nouvelle quantité de terre. On a soin de briser les mottes, et l'on tasse fortement cette nouvelle couche de terre, en la piétinant ou en la damant.

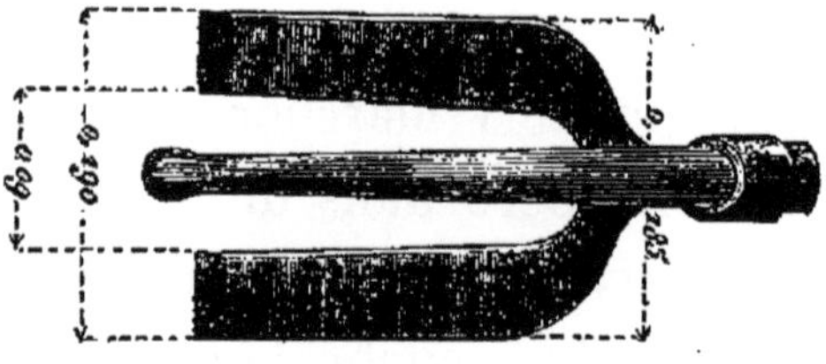

Fig. 59.

Plan de houe à remplir les tranchées.

(Échelle de 0,10.)

Si le temps est au beau, il peut être utile de suspendre le remplissage des drains après l'emploi de cette deuxième couche, et de laisser l'action de l'air s'exercer sur les parois des tranchées.

On peut aussi, à cette époque du travail, déboucher l'origine de quelques drains et y verser de l'eau propre, pour s'assurer qu'elle coule facilement et qu'elle arrive bien à l'extrémité inférieure. On s'expose, dans cette expérience, à introduire de la terre dans le drain; elle ne doit, dès lors, être tentée qu'avec précaution, et seulement sur les lignes où quelque circonstance particulière peut faire craindre une obstruction.

On achève de remplir la tranchée par couches de $0^m,20$ à $0^m,30$ d'épaisseur, toujours bien tassées, en replaçant à la surface la terre végétale mise de côté à cet effet.

Le tassement des couches successives de remblai est une précaution sur laquelle on doit d'autant plus insister qu'elle est plus souvent négligée, et que cette négligence produit des accidents sérieux dans le drainage.

Quelque soin que l'on apporte à tasser les couches successives de remplissage de la tranchée, il reste presque toujours un excès de terre qui dessine en relief la position des drains. Le passage de la charrue dans les terres labourées fait bientôt disparaître cet état de choses.

Le pilonnage des terres des tranchées dans les prairies, surtout lorsqu'elles doivent être arrosées, doit être encore plus soigné que dans les terres de labour. On rapporte soigneusement les gazons sur le remblai, en les battant bien, pour les faire taller, et de manière qu'ils ne présentent qu'un léger relief, qui disparaît ordinairement, après un hiver, d'une manière complète.

On a proposé souvent de combler les tranchées en y rejetant la terre avec une charrue ou bien à l'aide de divers instruments tirés par des chevaux. Ces moyens produisent un travail moins parfait que le remblai à bras; ils donnent beaucoup d'embarras et ne semblent pas, jusqu'à présent, réaliser une économie capable de compenser les inconvénients qu'ils présentent.

Le remplissage des tranchées se fait souvent entièrement à la tâche. Il convient cependant de faire faire à la journée la pose de la première couche de remblai; c'est une précaution que l'on devra prendre dans toutes les opérations bien dirigées.

# CHAPITRE V.

## DE QUELQUES GENRES DE DRAINS NON GARNIS DE TUYAUX.

Les drains avec tuyaux de terre cuite sont à peu près exclusivement employés aujourd'hui. Cependant, on peut être forcé, dans certaines circonstances spéciales et exceptionnelles, de recourir à l'emploi de conduits différemment établis, et dont il est nécessaire de dire ici quelques mots.

*Emploi général des tuyaux.*

L'emploi de *tuiles creuses*, posées au fond de la tranchée de drainage sur une sole plate (fig. 60),

*Drains en tuiles creuses.*

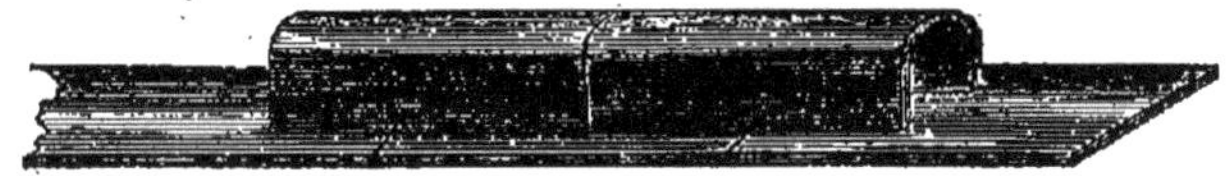

Fig. 60.
Tuiles courbes et soles.

était déjà un véritable perfectionnement sur la plupart des méthodes antérieurement employées. Mais les tuyaux d'un seul morceau remplacent évidemment avec avantage ces pièces séparées, et beaucoup plus fragiles qu'eux. Cependant, on peut avoir encore l'occasion d'employer les tuiles creuses, soit pour épuiser d'anciens approvisionnements, soit pour faire des essais de drainage dans les localités où les tuiles seraient un objet de fabrication courante, et dès lors peu coûteuses, et où l'on ne voudrait pas, avant d'être éclairé sur les résultats du drainage, faire les frais d'établissement d'une fabrique de tuyaux. Il est donc nécessaire d'entrer dans quelques détails au sujet de l'emploi des matériaux de cette nature.

Les tranchées destinées à recevoir des conduits en tuiles courbes ne diffèrent pas, quant à la profondeur, de celles qui doivent être garnies de tuyaux. Seulement, leur largeur au fond doit être un peu plus considérable, pour que la tuile plate y entre librement. La surface du fond de la tranchée doit d'ailleurs être plane, pour que la tuile plate y prenne complétement son assiette.

La longueur des tuiles plates est quelquefois égale à celle des tuiles courbes, mais il vaut mieux que ces dernières n'aient que le tiers de la longueur de la sole, afin que chaque sole porte deux tuiles entières. Dans tous les cas, on dispose les tuiles et les soles à joints croisés.

Quand les soles sont soigneusement posées et mises en contact entre elles et avec le terrain, on place les tuiles courbes. On les recouvre souvent avec un lit de paille, de gazons ou de toute autre matière filamenteuse, sur lequel on tasse soigneusement les premières couches de terre, et on achève ensuite de remplir la tranchée comme de

coutume; mais il vaut mieux tasser directement
la terre grasse sur la tuile et éviter
l'emploi des matières organiques,
dont la destruction plus ou moins
rapide peut compromettre le succès du travail. La figure 61 représente la coupe, avant le remplissage,
d'un drain garni de tuiles courbes
et de soles plates.

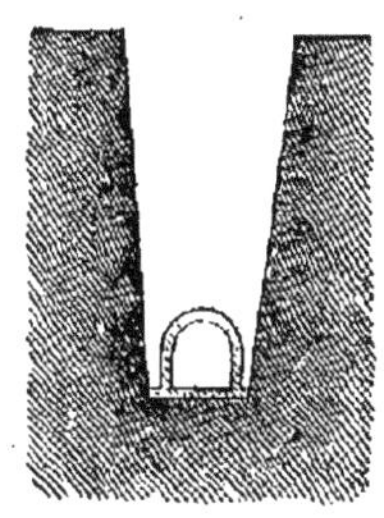

Fig. 61.
Drain
à tuiles courbes.

Fig. 62.

Raccordement de drains en tuiles courbes.

Le raccorde-
ment de deux
lignes de drains
de cette espèce a
lieu au moyen de
tuiles-échancrées
(fig. 62).

Les drains prin-
cipaux sont for-
més de tuiles de
grandes dimen-
sions ou par la réunion de deux tuiles courbes
séparées par une sole plate, ou même de trois tuiles
courbes placées l'une près de l'autre (fig. 63 et 64).

Quelques agriculteurs, trompés par l'apparence
de dureté et de résistance de la terre du fond de
la tranchée, ou séduits par l'espoir d'un fausse
économie, ont voulu supprimer les soles plates
sous les tuiles courbes, ou placer seulement ces

Fig. 63.

Drain principal formé de deux tuiles courbes.

Drains en pierres.

Fig. 64.

Drain principal formé de trois tuiles courbes.

espèces de semelles sous les joints des tuiles courbes. Ces différents modes d'établissement des drains ne donnent que de très-mauvais résultats. Les argiles les plus dures se délitent et se détrempent rapidement sous l'action de l'air et de l'eau. La tuile courbe s'enfonce alors dans le sol, et le tuyau est bientôt complétement détruit ou bouché, comme nous l'avons observé dans quelques drains qui avaient été ainsi établis, et que nous avons eu l'occasion de voir démonter.

Les drains en pierres sont formés de menus matériaux jetés pêle-mêle au fond de la tranchée, ou bien ils se composent de véritables petits canaux souterrains, plus ou moins artistement construits pour utiliser les pierres dont on dispose.

Ce dernier mode de construction peut convenir pour former de véritables aqueducs d'écoulement d'une certaine importance, mais on ne saurait le recommander pour les drains de dernier ordre. L'arrangement des pierres présente une assez grande difficulté et nécessite l'emploi d'ouvriers exercés et soigneux. Le vide du canal sert d'ailleurs de refuge aux taupes et à d'autres animaux nuisibles. L'ensemble de l'ouvrage ne tarde pas, en général, à se détériorer et à s'obstruer plus ou moins complétement.

Quand le débouché est plus considérable, les figures 65, 66 et 67 représentent, en coupe,

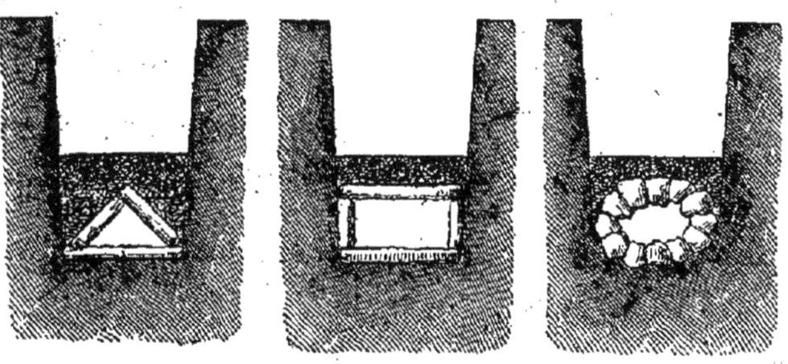

Fig. 65.  Fig. 66.  Fig. 67.

Coupes de canaux souterrains en pierres sèches.

quelques-unes des formes les plus ordinairement adoptées pour la construction de ces espèces de pierrées.

La figure 68 donne la disposition exacte d'une rigole souterraine d'écoulement des eaux provenant du drainage de sources abondantes. Le profil normal de la tranchée au fond de laquelle la rigole est établie est reproduit (fig. 69).

Fig. 68.

Coupe d'un canal en pierres sèches.

(Échelle de 0,02.)

La rareté des circonstances où il convient d'employer les rigoles

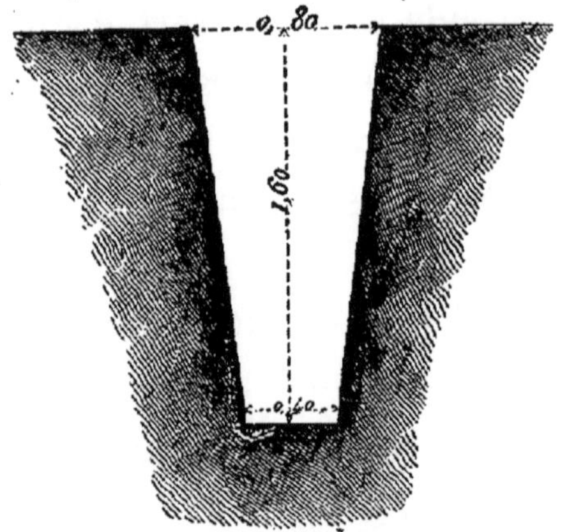

Fig. 69.

Profil d'ouverture de la tranchée
destinée à recevoir le canal en pierres.

(Échelle de 0,02.)

de cette espèce nous dispense d'ailleurs de nous y arrêter davantage.

Les drains remplis de petites pierres jetées au hasard, que l'on pourrait appeler drains à *pierres perdues*, ont été fortement recommandés par le célèbre Smeath de Deanston. Ils formaient la base de ses procédés de drainage et ont été employés sur la plus grande échelle par ses nombreux imitateurs.

Les drains de cette espèce ont rendu d'immenses services et doivent encore être préférés aujourd'hui dans certaines circonstances particulières, suffisamment indiquées par le mode même de leur construction. Il convient donc d'étudier avec soin tous les détails de leur établissement.



Les tranchées qui doivent être remplies de pierres cassées, de gros graviers ou de petits galets, ont environ $0^m,18$ de largeur au fond, et $0^m,23$ de largeur, à $0^m,38$ au-dessus de ce fond, limite à laquelle s'arrête la couche de pierres. La profondeur de la tranchée, toutes choses égales d'ailleurs, doit être un peu plus considérable que celle qui est nécessaire pour les drains à tuyaux. L'exécution de ces tranchées ne présente d'ailleurs aucune particularité remarquable.

Quand on peut se procurer des cailloux bien propres ou des galets d'une grosseur convenable, ces matériaux doivent être préférés. A défaut de cailloux de cette espèce, on emploie des pierres parfaitement purgées de terre, et cassées de manière que les plus grosses puissent passer dans un anneau de o$^m$,o76 de diamètre. De plus gros matériaux pourraient tomber au fond de la tranchée et y former, de place en place, de véritables barrages. Les petits matériaux, d'ailleurs, remplissent plus également l'espace, soutiennent mieux les parois de la tranchée et s'opposent plus efficacement aux ravages des taupes et des rats d'eau.

Choix<br>des pierres.

Le cassage des pierres ne doit pas se faire sur le bord des drains, mais bien dans des chantiers spéciaux, d'où on apporte les pierres au moyen de charrettes, et mieux de camions à bras, quand la distance n'est pas trop considérable.

Le derrière des charrettes ou camions qui servent aux transports des pierres doit être garni d'une planche à rebord disposée, comme l'indique

14.

la figure 70, pour arrêter les pierres qui pour-

**FIG. 70.**

Partie postérieure d'une voiture à transporter les pierres
pour le remplissage des drains.

raient se répandre sur le sol, quand on les extrait
avec une pelle de l'intérieur de la voiture.

Remplissage
des
tranchées.

Dans les travaux soigneusement exécutés, on ne
se borne pas à jeter pêle-mêle les pierres dans le
drain; on leur fait subir un triage et un dernier
nettoyage au moyen d'un crible d'une forme particulière représenté par la figure 71. Ce crible est
supporté par 4 montants verticaux de 1$^m$,50 de
hauteur environ, fixés aux deux côtés d'une brouette
ordinaire. On peut changer l'inclinaison du crible
au moyen des vis qui le fixent aux montants. Le
plan du crible supérieur est prolongé par le fond
d'une auge en planches assez longue pour arriver
un peu au delà du bord de la tranchée à remplir.
La planche verticale *a*, fixée aux côtés prolongés
du crible, a pour but de forcer les pierres qui
roulent sur le plan incliné de l'appareil à tomber

Fig. 71.
Crible pour le remplissage des drains en pierres.

verticalement au fond de la tranchée, sans aller choquer et dégrader sa face latérale. Cette planche doit venir s'appliquer contre le bord de la tranchée opposé à celui où se trouve la brouette. Au-dessous du crible dont on vient de parler, existe un second crible plus fin, débouchant dans la brouette. Il retient les petites pierres qui ont traversé le premier crible, les jette dans la brouette et laisse passer la terre et les poussières mêlées aux pierres. Ces impuretés tombent sur le sol.

La longueur des cribles est de $0^m,80$ environ; l'écartement des fils du crible supérieur varie de $0^m,04$ à $0^m,05$, et celui des fils du crible inférieur, de $0^m,010$ à $0^m,015$.

L'emploi de l'instrument précédent est extrêmement simple : les pierres, prises à la pelle dans les camions dont on a déjà parlé, sont versées (et non jetées) sur la partie supérieure de l'appareil, que l'on garnit de tôle pour éviter sa trop prompte usure par le choc réitéré de la pelle en fer. Les pierres les plus grosses tombent au fond du drain, et les plus petites dans la brouette. Quand les pierres sont arrivées dans la tranchée à la hauteur voulue, on déplace un peu la brouette et on continue le remplissage. On régularise alors, sur une petite longueur, avec un râteau, la surface de l'empierrement, et on jette dessus les plus petites pierres recueillies dans la brouette. On continue ainsi sur une certaine longueur. On pilonne l'empierrement avec une espèce de dame en bois, pour le tasser et rendre la surface aussi compacte que possible, et, enfin, on remplit le drain avec la terre qui en avait été extraite.

La figure 72 représente la coupe en travers d'un drain de 1$^{m}$,25 de profondeur, exécuté comme on vient de l'expliquer.

Deux hommes occupés, le premier à décharger les

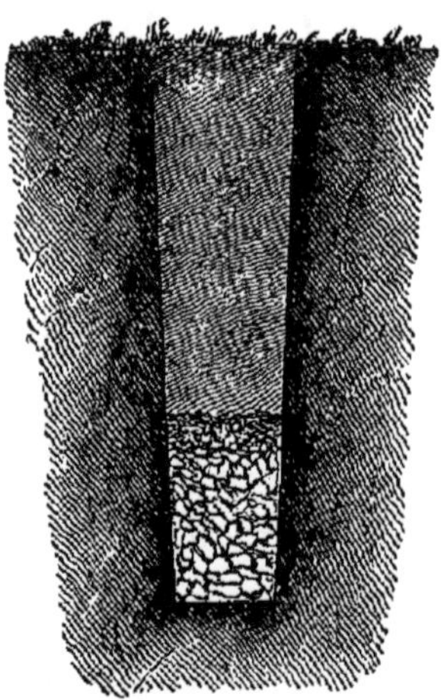

Fig. 72.
Drain garni de pierres.

tomberaux, le second à manœuvrer le crible, à
égaliser l'empierrement et à le damer, emploient,
par heure de travail, de 2,50 à 3 mètres cubes
de pierre. Ce résultat, déduit d'une expérience
faite très en grand, n'a pu être obtenu qu'avec
d'excellents ouvriers; il permet cependant d'apprécier approximativement la dépense de cette
partie de l'opération.

On conseille quelquefois de mettre des gazons
fortement tassés au-dessus de l'empierrement disposé comme on vient de le dire. Cette méthode
paraît vicieuse, puisque le gazon, en se décompo-
sant, produit un détritus très-fin qui s'introduit
facilement entre les pierres, et produit ainsi l'effet
auquel on voulait s'opposer. Il vaut mieux, par
conséquent (cette remarque s'applique d'ailleurs
aux drains à tuiles courbes, page 154), recouvrir,
si on le peut, l'empierrement de gravier ou de
sable, et pilonner avec soin cette couche, ainsi
que la première couche de terre jetée sur elle.

Considérés en eux-mêmes, les drains empierrés
sont, sous beaucoup de rapports, inférieurs aux
drains à tuyaux. Ils sont, en général, plus coûteux que ces derniers, exigent plus de main-
d'œuvre et des précautions plus minutieuses d'exécution. Ils doivent être moins durables, et enfin
ils causent à la terre beaucoup plus de dom-
mages, pendant leur exécution, en raison des

transports considérables qu'ils exigent et de la plus grande section des tranchées.

Les drains en empierrement ne paraissent donc devoir être adoptés maintenant que dans un terrain qu'il faut épierrer. On évite des frais de transport quelquefois considérables et des pertes de terrain, en jetant dans les drains les produits de l'épierrement. Ces avantages peuvent compenser ce que la méthode en elle-même offre de peu satisfaisant.

Les drains à pierres perdues sont quelquefois employés, comme moyens de défense, pour préserver un drain garni de tuyaux de l'envahissement des racines des arbres à bois blanc. La figure 73 donne la section d'un drain destiné à cet usage qui a été placé entre une rangée de peupliers et un drain à tuyaux ordinaires. On a supposé que les racines développeront leur chevelu dans l'empierrement humide, et qu'elles n'iront pas, de longtemps, gagner les tuyaux de terre.

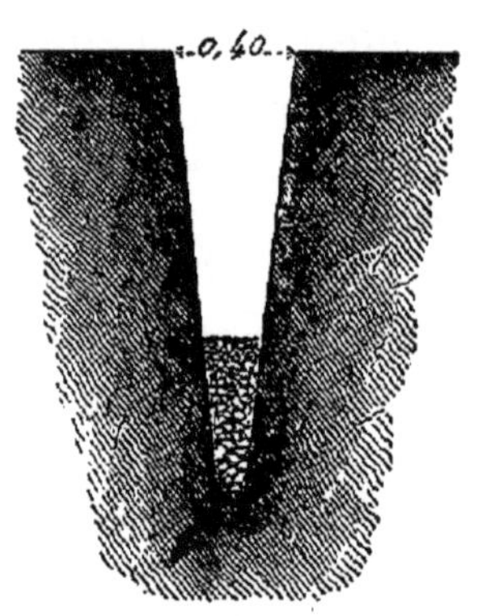


Fig. 73.
Drain de défense
avant son remplissage.

On ne décrira aucune autre espèce de drain sans tuyau. Les différents procédés, soit déjà anciens, soit d'invention récente, que l'on pourrait citer, ou ne méritent pas d'être mentionnés, ou bien nécessiteraient des développements qui ne sauraient trouver place ici.

On en dira autant des machines à ouvrir les tranchées de drainage. Jusqu'à présent ces appareils ne sont point entrés dans le domaine de la pratique.

# CHAPITRE VI.

## OUVRAGES ACCESSOIRES.

Ouvrages accessoires.

On ne parlera ici que de quelques petits ouvrages accessoires qui se rencontrent dans presque tous les drainages, et dont l'exécution mérite plus de soin qu'on ne leur en accorde ordinairement.

Regards.

On a dit (pages 31 et 58) qu'il faut établir des regards aux points de rencontre des collecteurs et aux points où leur pente diminue. Ces regards se construisent de deux manières.

La première consiste à les établir avec deux ou trois gros tuyaux à emboîtement (fig. 74 et 75), posés verticalement sur une pierre plate ou sur une large tuile, et recouverts de la même manière. Un petit enrochement, maçonné au besoin, est placé à la base de ces regards. Les tuyaux qui y aboutissent, en plus ou moins grand nombre, sont solidement posés et quelquefois entourés de maçonnerie, sur une petite longueur, pour éviter tout déplacement.

Le tuyau de décharge est placé à quelques centimètres en contre-bas du dessous des tuyaux d'amenée. Ceux-ci doivent faire un peu saillie

Fig. 74.

Coupe d'un regard.

(Échelle de 0,05.)

Fig. 75.

Plan d'un regard.

(Échelle de 0,05.)

sur la paroi intérieure du regard, pour que l'eau qu'ils amènent tombe dans ce regard et puisse produire un son qui, du dehors, est l'indice de la marche régulière du drainage.

Quand on veut établir des regards plus importants, on les construit en pierres sèches ou maçonnées. On leur donne $0^m,60$ environ de largeur dans œuvre. Ordinairement, on les élève jusqu'au niveau du sol et on les ferme avec une planche ou une dalle.

*Regards pneumatiques.* Pour éviter les obstructions calcaires dans les tuyaux destinés à écouler des eaux incrustantes, je place, à une dizaine de mètres en amont de la bouche de décharge, et à tous les points de rencontre des maître-drains entre eux, des regards analogues aux précédents, mais dans lesquels le tuyau d'écoulement est placé à $0^m,02$ ou $0^m,03$ au-dessus du tuyau d'arrivée. Par cet artifice très-simple, le dégagement d'acide carbonique dissous dans l'eau, et par suite la précipitation de carbonate de chaux, sont assez retardés pour que le dépôt ne se fasse pas dans les tuyaux.

*Bouches.* Les *bouches* des drains, c'est-à-dire les points où ils arrivent aux canaux de décharge, doivent être construits en briques ou en pierres dans les drainages bien faits, et préservés par une grille en fonte ou en fer.

Selon que le drain débouche dans le talus ou

à l'origine d'un fossé, on peut adopter la disposition indiquée par les figures 76 et 77, ou bien

Fɪɢ. 76.
Élévation d'une bouche dans un talus.
(Échelle de 0,05.)

Fɪɢ. 77.
Coupe par l'axe d'une bouche dans un talus.
(Échelle de 0,05.)

15

par les figures 78 et 79. La construction de ces

Fig. 78,
Élévation d'une bouche à l'origine d'un fossé.
(Échelle de 0,05.)

Fig. 79.
Coupe d'une bouche à l'origine d'un fossé.
(Échelle de 0,05.)

bouches n'exige que quelques briques. Cette légère dépense est largement couverte par la sécurité qui résulte de l'établissement de ces petits ouvrages pour la conservation des débouchés et le maintien du profil des fossés de décharge.

Le tuyau de drainage doit être enveloppé, sur une certaine longueur en arrivant à la bouche, dans un petit massif en maçonnerie hydraulique, ou dans un bon corroi glaiseux, pour éviter toute infiltration. Quand on ne craint pas une petite augmentation de dépense, on remplace 1 mètre environ de tuyau en terre, près de la bouche, par un tuyau de fonte ou de tôle bitumée.

La grille en fonte ou en fer qui ferme la bouche des drains doit être assez serrée pour s'opposer à l'introduction des plus petits animaux, et des corps étrangers que la malveillance pourrait tenter d'introduire dans le tuyau.

La meilleure manière de fixer cette grille consiste à la maintenir, comme l'indiquent les fig. 77 et 79, par deux boulons traversant la maçonnerie et maintenus par des clavettes, dont les têtes se trouvent sous les gazons ou le perré du talus, de manière qu'il soit facile de les enlever, si la grille a besoin de nettoyage.

Il est souvent nécessaire de transformer un tuyau de drainage en un véritable tuyau de conduite, en le rendant étanche.

Drains<br>étanches.

Il y a plusieurs moyens d'atteindre ce but; le plus simple consiste à remplir le fond de la tranchée, convenablement élargie et approfondie à cet effet, d'une couche de o^m,1o d'épaisseur d'un corroi de glaise et de sable gras arrosé d'un lait de chaux. On dépose sur ce corroi un conduit formé par l'introduction à joints croisés d'un petit tuyau dans un gros, et on le recouvre du même corroi fortement pilonné. Pour rendre l'étanchéité plus parfaite encore, on enduit, avant de poser la conduite, les joints et le petit espace annulaire qui existe entre les tuyaux du même corroi, mais un peu plus mou.



Enfin, il convient d'indiquer la position et la direction des principaux drains par une petite borne en pierre (fig. 8o et 81), placée à leur origine, et sur la face supérieure de laquelle on grave une flèche indiquant la direction du drain. Cette précaution rend facile, pour l'avenir, la recherche des drains, si quelques réparations deviennent nécessaires.

Élévation.

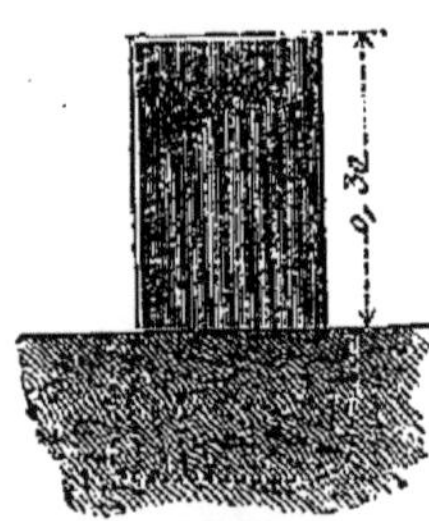

Plan.

Fig. 80 et 81.
Borne repère.
(Échelle de o,o5.)



Lorsqu'un drainage a été exécuté en observant soigneusement

toutes les précautions détaillées dans les chapitres précédents, il est extrêmement rare qu'il ne fonctionne pas régulièrement et qu'il arrive quelque accident à une des parties du système de tuyaux. Cependant, il n'est pas inutile d'indiquer ici les moyens de constater et de remédier aux accidents les plus ordinaires des travaux de cette espèce.

L'obstruction d'un drain principal ou secondaire est le résultat final de tout accident survenu aux ouvrages. Cette obstruction se manifeste clairement, après les pluies, par la diminution ou la suppression totale de l'écoulement. Les bouches et les regards fournissent à cet égard des indications très-positives, et qui ne tardent pas à devenir plus précises encore par l'aspect du sol. Immédiatement en amont d'une obstruction de tuyau, la terre est plus humide que dans le reste du champ; sa couleur est plus foncée, et quelquefois même l'eau devient stagnante à la surface.

Quand ces caractères se manifestent, il faut se hâter de découvrir les drains en aval du point où l'eau surabondante manifeste sa présence, et continuer ce travail, en remontant, jusqu'à ce qu'on rencontre les tuyaux dérangés ou obstrués; on les débouche, puis on les repose avec soin pour rétablir les choses dans leur état primitif.

Les obstructions accidentelles résultent, dans le plus grand nombre des cas, de la négligence apportée à la pose des tuyaux et au remplissage des tranchées. Quand les extrémités des tuyaux ne sont pas bien en contact, que les joints ne sont pas soigneusement recouverts, que les premières couches de terre ne sont pas bien tassées, etc., il se forme dans la terre des canaux assez larges pour que l'eau qui s'introduit dans le drain entraîne des matières solides en suspension. Ces substances terreuses se déposent naturellement dans les tuyaux aux points où la vitesse de l'eau diminue, par une cause ou par une autre, et finissent par les obstruer après un temps plus ou moins long. Toutes les fois qu'un drainage fournit de l'eau trouble, on peut affirmer qu'il présente des malfaçons, et l'on doit craindre de voir, tôt ou tard, les tuyaux s'obstruer plus ou moins complétement.

Quant aux obstructions résultant de causes permanentes, telles que les racines d'arbres, les eaux calcaires incrustantes, l'introduction des animaux dans les tuyaux, etc., on a indiqué, dans les chapitres précédents, les moyens d'y remédier, et il serait inutile de revenir ici sur ce sujet, qui ne saurait être convenablement discuté que dans un traité complet.

# TROISIÈME PARTIE.

## FABRICATION DES TUYAUX.

---

## CHAPITRE I.

### CHOIX ET PRÉPARATION DES TERRES.

La fabrication des tuyaux de drainage est une des parties de l'art du briquetier, et forme habituellement un annexe des ateliers de tuilerie et de briqueterie. On supposera, dans ce qui va suivre, le lecteur au courant des opérations générales de ces ateliers, et on s'attachera surtout à décrire les parties du travail qui se rapportent exclusivement à la production des tuyaux ou des tuiles de drainage.

Toutes les bonnes argiles à tuiles, bien purgées de pierres et de corps étrangers, conviennent à la fabrication des tuyaux de drainage. Les meilleures sont celles qui se déforment le moins au feu et fournissent, après la cuisson, les matières les plus dures et les plus sonores.

La préparation de la terre pour les tuyaux de drainage est la même, en principe, que pour les tuiles; elle doit seulement être faite avec plus de soin encore. L'expulsion des pierres doit être surtout l'objet d'une attention particulière.

L'argile pure est, comme on sait, formée de 60 à 75 de silice et de 40 à 25 d'alumine. A ces deux éléments viennent s'ajouter, dans les produits naturels qui servent à la fabrication des poteries grossières, de l'oxyde de fer, de la chaux combinée ou à l'état de carbonate intimement mêlé à la masse, de la silice isolée à l'état sablonneux, et quelques autres substances moins abondantes et inutiles à signaler.

Les matières employées à la préparation des tuiles ou des tuyaux de drainage doivent présenter un certain degré de plasticité, suffisant pour rendre leur travail facile, et cependant pouvoir se dessécher facilement, sans se tourmenter et sans se gercer.

Il est assez rare de rencontrer un mélange naturel offrant à la fois la réunion des qualités d'une bonne terre à tuyaux; mais il est toujours facile de l'obtenir en mélangeant, en proportions convenables, de la terre franche, du sable, de l'argile ou de la glaise.

L'argile ou la glaise donne au mélange la plasticité nécessaire; le sable, au contraire, sert à le dégraisser, c'est-à-dire à le rendre plus facile à sécher.

On peut également dégraisser les terres trop argileuses avec des débris de poteries pulvérisés, du mâchefer, ou des escarbilles des fourneaux, également réduits en poudre.

On doit surtout éviter la présence, dans les matières premières employées, de fragments discernables, si petits qu'ils soient, de carbonate de chaux. La cuisson transforme, en effet, cette substance en chaux vive, qui s'éteint au contact de l'eau en brisant les tuyaux.

L'analyse chimique et quelques essais en petit, à défaut de l'expérience que donne l'habitude de manier les terres, permettent de déterminer rapidement les proportions dans lesquelles il faut mêler les matières dont on dispose.

Soit que l'on opère sur une terre naturellement propre à la fabrication, ou que l'on soit obligé de mélanger plusieurs substances, il faut toujours malaxer soigneusement la matière avant de fabriquer les tuyaux. Pour cela, on fait tremper les terres coupées en petits fragments dans une fosse plus ou moins profonde, pendant un ou deux jours; puis, on la fait passer dans un tonneau broyeur, ou plutôt mélangeur, mis en mouvement par un ou deux chevaux.

Malaxage.

Les tonneaux mélangeurs employés à la préparation de l'argile ne diffèrent pas de ceux employés
à la fabrication du mortier. La figure 82 donne

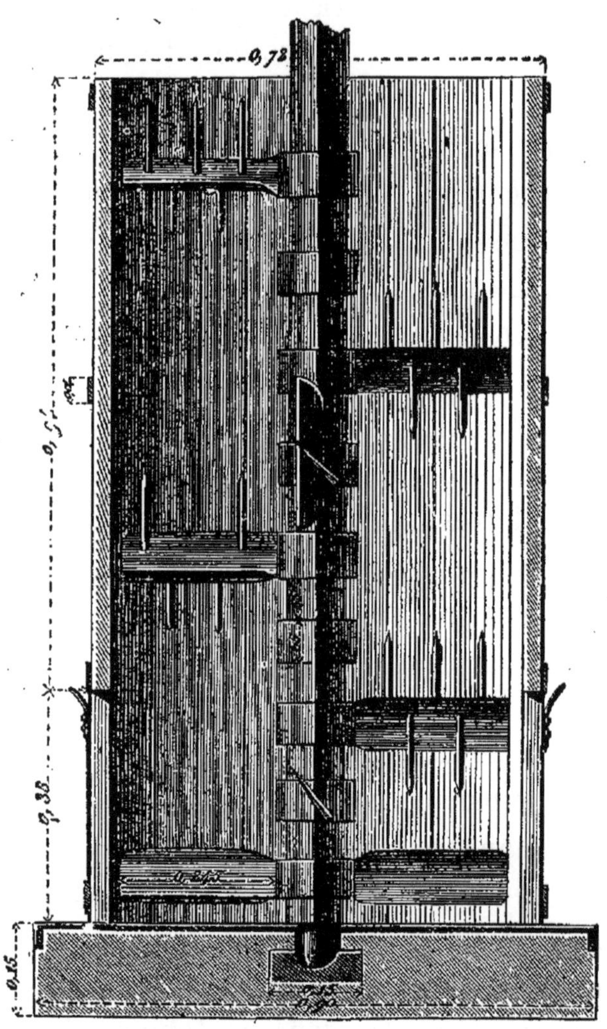

Fig. 82.

Coupe d'un tonneau mélangeur

(Échelle de 0,066.)

tous les détails d'une très-bonne machine de cette espèce pouvant préparer par jour, avec deux chevaux, la matière nécessaire à la fabrication de 20,000 petits tuyaux environ. L'espace n'a point permis de figurer la partie supérieure de l'arbre vertical des couteaux. Cet arbre est maintenu par un collier en fer, et se termine par une boîte en fonte qui reçoit la flèche en bois à laquelle on atèle le cheval. Il est d'ailleurs inutile de s'arrêter à la description de cet appareil très-simple.

Lorsque le malaxage ou le mélange des différentes terres n'est pas assez complet par un seul passage à travers le tonneau, on reprend la matière à la sortie de l'appareil, pour la faire passer une seconde et quelquefois une troisième fois. La terre sort du tonneau d'une manière continue; on la coupe, avec un fil de laiton, en pains prismatiques, qui peuvent être immédiatement transformés en tuyaux.

A défaut de tonneau broyeur, on fait *marcher* les terres par les ouvriers, comme le pratiquent encore beaucoup de tuiliers.

Les terres destinées à la fabrication des tuyaux ne doivent renfermer aucun gravier de plus de 0<sup>m</sup>,001 à 0<sup>m</sup>,002 de diamètre. Les moyens employés pour se débarrasser des pierres plus grosses qui peuvent exister dans les matières premières varient avec les localités, les ressources dont on dispose et la nature des substances. Les principaux procédés employés sont les suivants, entre lesquels on devra choisir, selon les cas :

Pour les sables et les terres franches assez maigres, un simple passage à travers une claie en fer très-serrée est souvent suffisant. Ce moyen réussit même quelquefois pour certaines argiles qui s'émiettent par la gelée, et que l'on écrase ensuite très-facilement, en les battant sur une aire solide.

Les matières argileuses et les terres franches se débarrassent très-bien des pierres par lévigation. On délaye la masse dans un bassin avec de l'eau, et on laisse écouler par déversement la bouillie argileuse ainsi obtenue. Les pierres restent dans le bassin de délayage, et la matière fine se dépose, par le repos, dans les bassins suivants. Cette méthode exige de l'espace, une assez forte main-d'œuvre et un outillage spécial. Elle est très-rarement employée dans les fabriques de tuyaux.

Broyeur.

On se débarrasse très-souvent des graviers que renferme la terre en les écrasant, au moyen d'une machine composée de deux cylindres en fonte horizontaux, très-rapprochés et tournant en sens contraire. Ils sont surmontés d'une trémie, dans laquelle on dépose l'argile légèrement humide qui doit passer entre les cylindres.

Les figures 83 et 84, qui représentent l'élévation

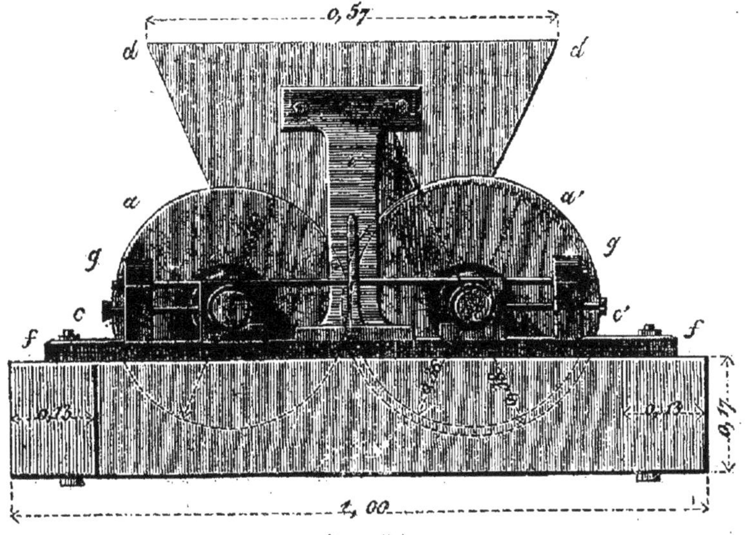

Fig. 83.

Élévation latérale d'un broyeur à cylindres.

(Échelle de 0,073.)

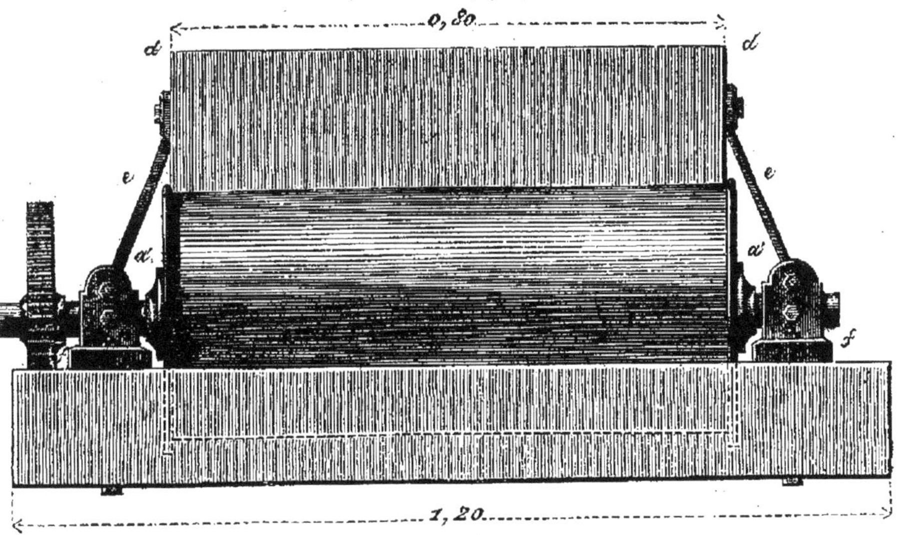

Fig. 84.

Vue de face d'un broyeur à cylindres.

(Échelle de 0,073.)

latérale et la vue de face du moulin à argile dont il s'agit, feront facilement comprendre la disposition de cette machine. Les cylindres en fonte $a$, $a'$ ont $0^m,90$ de longueur environ et $0^m,36$ de diamètre; leurs axes en fer $b$, $b'$ tournent dans des coussinets que l'on peut éloigner ou rapprocher au besoin, à l'aide des vis $cc'$. Le cylindre $a'$ porte, à ses extrémités, deux rebords saillants qui s'opposent au déplacement longitudinal de l'autre cylindre. La trémie en bois $d$, dans laquelle on met l'argile, est maintenue au-dessus des cylindres par les pièces $e$, fixées au bâti en fonte $f$ par des boulons. Ce bâti est consolidé par un tirant en fer $gg$, et repose sur un cadre rectangulaire en charpente. La surface des cylindres est débarrassée de la terre qu'ils entraînent dans leur mouvement par deux forts couteaux en fer, placés à leur partie inférieure.

Les arbres des cylindres portent à l'extrémité opposée à celle représentée par la figure 83 des roues dentées de même diamètre, engrenant l'une avec l'autre; de sorte que le mouvement imprimé au premier cylindre se transmet au second, et qu'ils tournent ainsi, en sens contraire, avec des vitesses égales.

L'axe de l'un des cylindres est ordinairement réuni à l'arbre moteur du manége par un genou à la Cardan; le manége ayant $7^m,5$ de diamètre, cet arbre moteur fait environ deux tours quand le cheval en fait un.

Les cylindres, fondus dans des moules d'argile cuite, n'ont pas besoin d'être tournés.

On place ordinairement les cylindres à $1^m,80$ ou 2 mètres au-dessus du sol, pour faciliter le service de l'enlèvement des terres.

Le produit journalier du moulin dépend de l'écartement des cylindres et de la nature de la terre. Dans les circonstances ordinaires, un moulin à un cheval fournit, par jour, l'argile nécessaire à la fabrication de 18 à 20 mille petits tuyaux.

Lorsqu'on opère sur un mélange homogène, naturel ou artificiel, la matière sortant de la machine peut servir immédiatement à la fabrication, après avoir été réunie en mottes de grosseur convenable pour être livrées à la machine à tuyaux. Lorsqu'on emploie un mélange de diverses substances, on place quelquefois les cylindres broyeurs au-dessus du tonneau mélangeur. Les matières sont versées dans la trémie des cylindres en proportions convenables, les pierres sont écrasées par les cylindres, et le tout arrive dans le tonneau, d'où le mélange sort parfaitement homogène et propre à l'emploi.

Quelquefois, la séparation des graviers a lieu dans le tonneau mélangeur lui-même, à l'aide d'une grille placée dans son fond. Enfin, dans certaines

machines à tuyaux, un crible, placé en avant de la
filière, retient les graviers qui gêneraient la fabrication.

En résumé, quand on peut se procurer des
terres sans cailloux, il suffit de les faire passer
au tonneau broyeur, ou de les faire marcher par
des hommes, pour les rendre propres à la fabrication des tuyaux. Dans le cas contraire, il faut,
outre le malaxage au tonneau, se débarrasser des
pierres par un criblage ou autrement, ou bien
pulvériser ces graviers par un passage au lami-
noir. On peut, du reste, presque toujours trouver,
par une recherche assez attentive, des argiles et
des sables fins n'exigeant pas ces dernières opérations, assez dispendieuses.

On sait, du reste, qu'il est bon d'extraire l'argile à l'avance, et de pouvoir la laisser exposée un
ou deux hivers à la gelée avant de l'employer.

# CHAPITRE II.

## FABRICATION DES TUYAUX.

Les tuyaux de drainage se fabriquent à l'aide de machines. Ces machines peuvent se partager en deux classes : celles à action continue, et celles à action discontinue ou à piston. Ces dernières sont les plus répandues et peut-être les plus commodes pour les petites fabrications. Nous ne parlerons pas des premières, mais on pourra leur appliquer en partie ce qui va suivre, la partie essentielle de toutes les machines à tuyaux, c'est-à-dire la filière, se retrouvant dans tous les appareils. D'ailleurs, il s'agit seulement ici de faire comprendre le principe des machines, dont une étude détaillée serait sans intérêt[1]. On se bornera donc à la description d'une machine à piston.

Dans l'appareil que nous prenons pour exemple (fig. 85 et 86), la terre corroyée est déposée en gros pains dans une caisse prismatique $a\,a$ (fig. 85), qui se ferme par un couvercle à charnière $b$. La face antérieure de la machine est formée d'une

Machines à tuyaux.

___

[1] L'Administration fait ordinairement choisir et recevoir à Paris les machines qu'elle envoie aux ingénieurs.

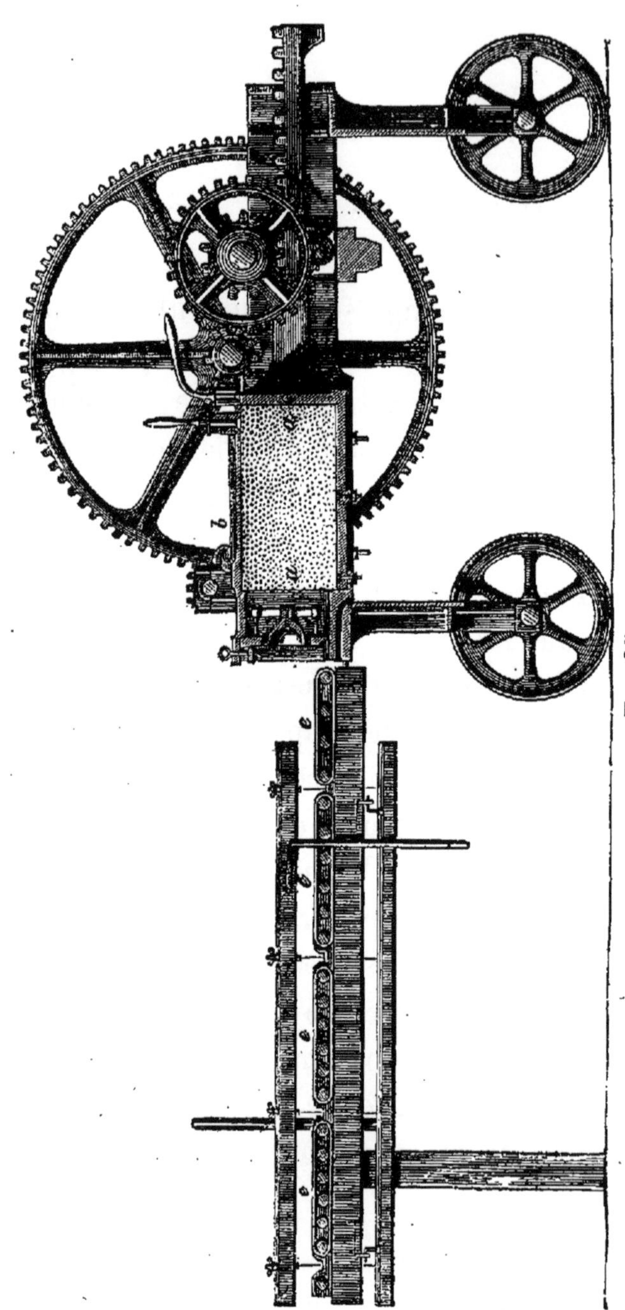

FIG. 85.

Coupe en long d'une machine à fabriquer les tuyaux de drainage.

(Échelle de 0,05.)

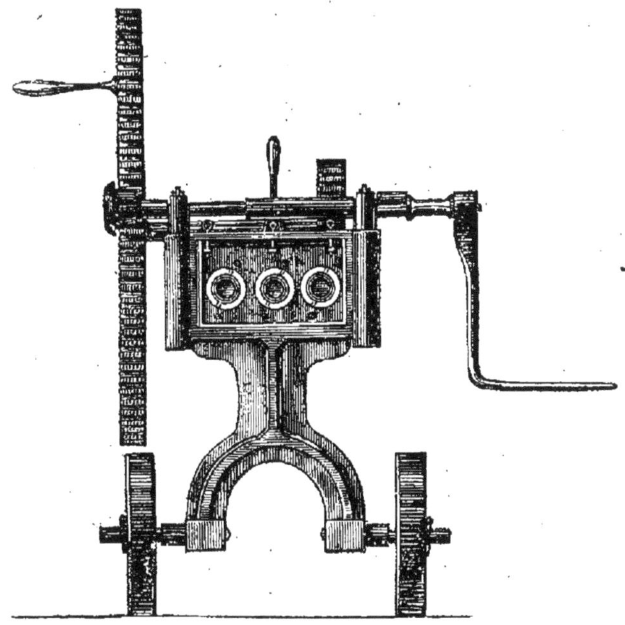

Fɪɢ. 86.

Vue de face d'une machine à fabriquer les tuyaux de drainage.

(Échelle de 0,05.)

filière, appareil que représente à une plus grande échelle la figure 87.

Coupe par l'axe d'un trou.                Vue extérieure.

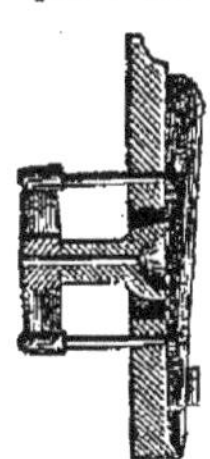 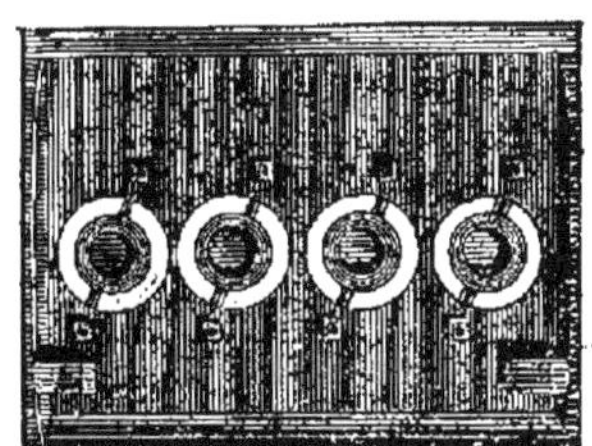

Fɪɢ. 87.

Filière à quatre trous.

(Échelle de 0,10.)

Lorsque le piston $c$ (fig. 85) est mis en mouvement par l'action des roues dentées, engrenant avec la crémaillère qui forme sa tige, il comprime la terre dans la caisse qui la renferme, et la force à sortir, sous forme de tube continu, à travers les espaces annulaires que présentent les filières.

Les tubes, en sortant des filières, sont reçus par les toiles sans fin que portent les cylindres mobiles $e\,e$ (fig. 85). Quand les tuyaux occupent la longueur entière de ces toiles sans fin, on les coupe de longueur convenable, à l'aide des fils d'un appareil particulier dont le dessin montre assez bien la disposition.

Pour nettoyer la machine, on emploie une curette (fig. 88) analogue aux grattoirs des peintres en bâtiment.

Quand un gravier échappé à la préparation de la terre, une feuille, une paille, ou tout autre corps étranger s'engage dans la filière, il produit dans le tuyau une

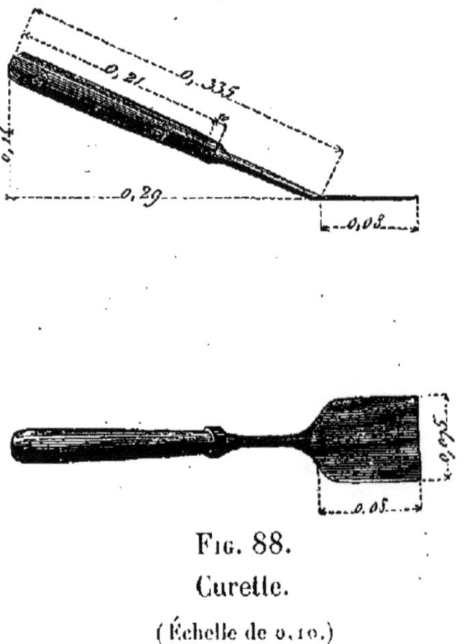

Fig. 88.
Curette.
(Échelle de 0,10.)

fissure longitudinale qui le rend impropre à tout emploi. Lorsque le corps étranger n'est pas très-gros, on l'arrache, de l'extérieur, à l'aide d'un petit crochet en fer. Si ce moyen ne peut réussir, il faut faire reculer un peu le piston, ouvrir-la boîte et la vider pour enlever l'obstacle qui entrave la sortie des tubes.

Les tuyaux, coupés de longueur sur les toiles sans fin, sont enlevés, pour être portés au séchoir, par des enfants, qui les soulèvent en introduisant dans leur intérieur des baguettes de diamètre convenable, réunies en forme de râtelier (fig. 89) au nombre de deux, trois ou quatre sur un même

Élévation.

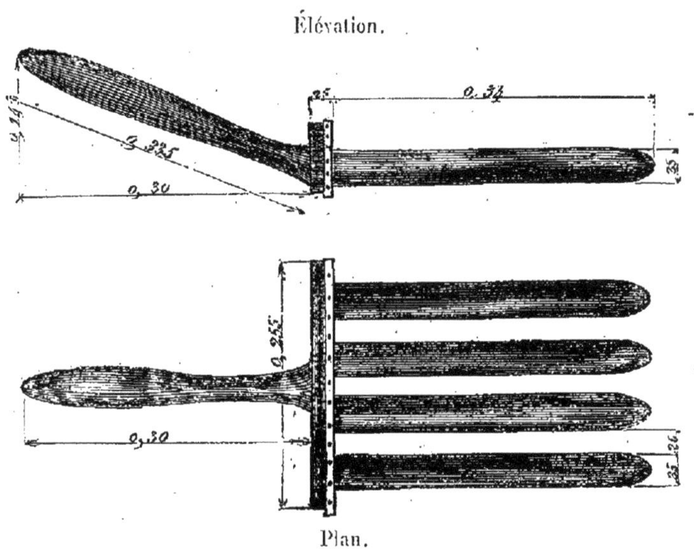

Plan.

Fig. 89.

Râtelier pour l'enlèvement des tuyaux frais.

(Échelle de 0,10.)

manche. Mais, avant de passer à cette seconde période de l'opération, il est nécessaire d'expliquer la fabrication des colliers, des tubes de raccordement et des tuiles courbes.

Colliers.

Les colliers se fabriquent d'une manière très-simple : on prépare des tubes d'un diamètre convenable et à peu près de la longueur ordinaire. Quand ils sont en partie séchés, on les roule sur une planche rectangulaire (fig. 90), garnie de deux ou trois lames d'acier faisant une saillie égale à la moitié environ de l'épaisseur du tuyau et espacées entre elles de la longueur que l'on veut donner au collier. Le tuyau se trouve ainsi partagé en tronçons qui n'ont plus entre eux qu'une assez faible adhérence. On termine le séchage, et on cuit comme les autres les tuyaux ainsi préparés. Après le défournement, il suffit d'un coup sec donné à faux pour séparer les tronçons du tuyau et obtenir les colliers.

Plan.

Coupe.

Fig. 90.

Planche à couper les colliers.

( Échelle de 0,10. )

Raccordements.

Les ouvertures circulaires latérales que doivent présenter les tuyaux destinés à former des regards, ou des raccordements d'une ligne de drains avec une ligne d'un ordre plus élevé, sont exécutées à la main, sur les tuyaux à moitié desséchés, par des enfants munis d'un compas grossier ou d'un patron, et d'un petit couteau avec lequel ils coupent la terre argileuse.

Les tuiles de drainage pourraient se fabriquer à la machine, en remplaçant les filières annulaires par des filières présentant une section en forme de fer à cheval. Mais, en général, cette fabrication, si analogue à celle des tuiles faîtières, s'exécute à la main.

Nous avons indiqué précédemment les motifs qui donnent aux tuyaux une véritable supériorité sur les conduits établis avec des soles et des tuiles. Cependant, l'emploi des tuiles de drainage est encore très-répandu dans certaines parties de l'Angleterre, où les travaux ainsi exécutés fonctionnent d'une manière satisfaisante. D'ailleurs, beaucoup de personnes qui ne voudraient pas faire la dépense d'une machine à tuyaux avant de connaître les effets du drainage sur leurs terres n'hésiteront pas à faire quelques essais avec des tuiles, que l'on peut commander dans toutes les briqueteries, et qui, faites à la main, n'exigent qu'une dépense insignifiante d'outillage. Nous croyons donc utile de décrire cette fabrication, d'ailleurs très-simple en elle-même, et que nous avons eu l'occasion d'étudier en détail.

La terre, convenablement préparée, est coupée et façonnée en galettes rectangulaires de grandeur proportionnée à celle des tuiles. Les enfants qui préparent ces galettes les déposent sur un petit banc placé auprès de la table de moulage.

Le premier outil nécessaire à la fabrication des tuiles creuses est un cadre en bois ou en fer (fig. 91), dont la surface est égale à celle de la tuile développée, et dont les bords ont l'épaisseur de cette même tuile. Le mouleur applique ce cadre sur une pièce de bois, ou mieux sur une pierre bien dressée, posée à l'un des bouts de sa table. Il saupoudre de sable sec l'intérieur de ce cadre et la pierre qui lui sert de fond, puis il y applique, en la pressant avec les mains, une des galettes de terre dont on a parlé. Après avoir, autant que possible, régularisé la surface de la terre, il passe dessus un rouleau mouillé, appuyé par ses extrémités sur les bords du cadre, et qui unit parfai-

Fɪɢ. 91.

Cadre à mouler les tuiles.

(Échelle de 0,10.)

tement la surface de l'argile, et retranche les parties en saillie.

L'ouvrier enlève alors le cadre sans altérer les arrêtes de la plaque d'argile molle, puis il la soulève adroitement et l'applique, pour lui donner la forme voulue, sur le moule en bois (fig. 92), préalablement saupoudré de sable.

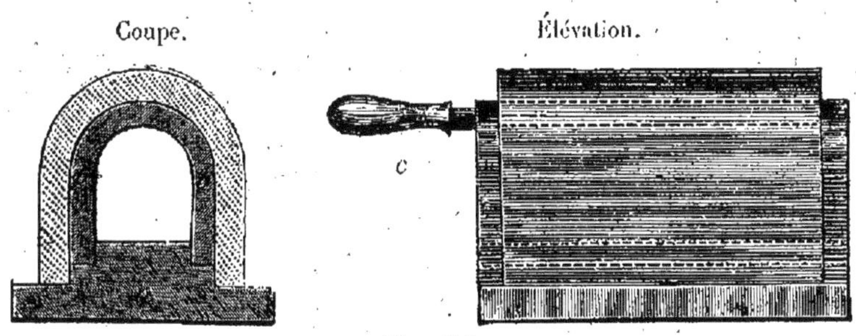



Fig. 92.

Mandrin à mouler les tuiles.

(Échelle de 0,10.)

Un enfant reprend alors le mandrin sur lequel est la tuile et la porte au séchoir. Le mandrin en bois, comme l'indique la coupe, se compose de deux parties; la semelle $a$ et le mandrin courbe $b\,b'$, qui se pose sur la seconde entaille de la semelle tandis que la tuile molle descend jusqu'à la première retraite de cette même semelle. Il résulte de cette disposition qu'en soulevant la tuile sur son mandrin $b\,b$, par le manche $c$, pour la porter sur les planches du séchoir, il reste un jeu suffisant pour enlever sans peine ce mandrin. Chaque mouleur n'a besoin que d'une semelle $a$, mais il lui faut un certain nombre de mandrins, afin d'en avoir toujours un à sa disposition, pour façonner une nouvelle tuile pendant que son aide porte les précédentes au séchoir.

Les tuiles ont généralement $0^m,30$ de longueur. On les désigne par la grandeur de leurs ouvertures mesurée de $b$ en $b'$ (fig. 92).

Un bon ouvrier mouleur, activement servi, peut fabriquer par jour :

$\qquad$ 1,000 tuiles de $0^m,076$ d'ouverture.
$\qquad$ 900 tuiles de $0^m,101$
$\qquad$ 800 tuiles de $0^m,152$
$\qquad$ 300 tuiles de $0^m,203$

La fabrication des soles plates, que l'on pose sous les tuiles courbes, ne diffère en rien de celles des tuiles plates ordinaires, et ne demande aucune explication spéciale.

Séchage. Revenons au séchage des tuyaux.

On a proposé d'employer comme séchoirs de véritables étuves, où l'on élèverait la température jusqu'à 70 degrés. Mais, en général, les séchoirs sont de simples hangars semblables à ceux de nos tuileries, et dans lesquels on dispose les tuyaux à plat sur des étagères horizontales.

Les figures 93 et 94 indiquent la disposition la plus simple qu'il soit possible de donner à une construction de cette espèce. Les fermes sont en planches de champ. Elles sont réunies par des voliges recouvertes d'un papier goudronné. Un

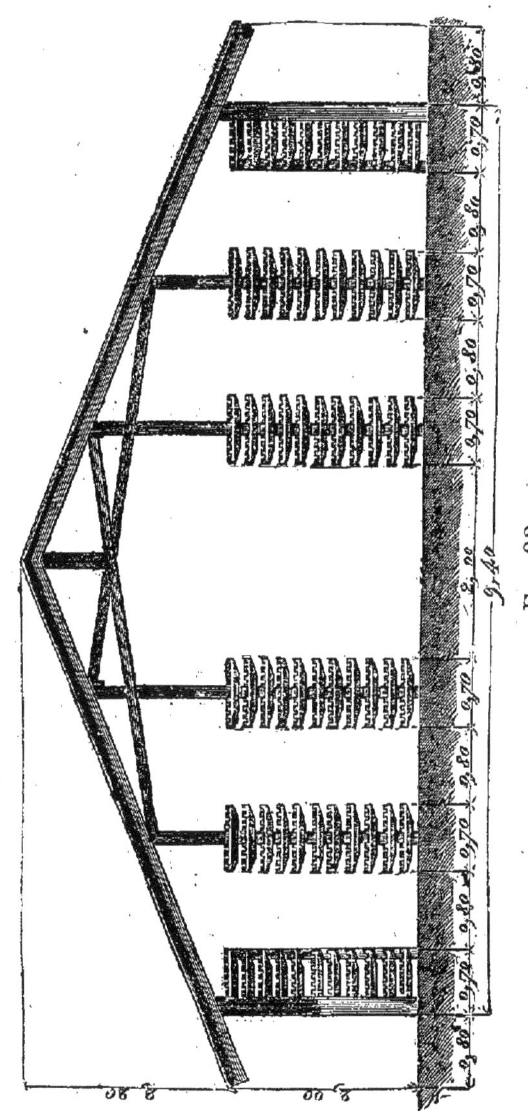

Fig. 93.

Coupe en travers d'un séchoir à tuyaux.

(Échelle de 0,01.)

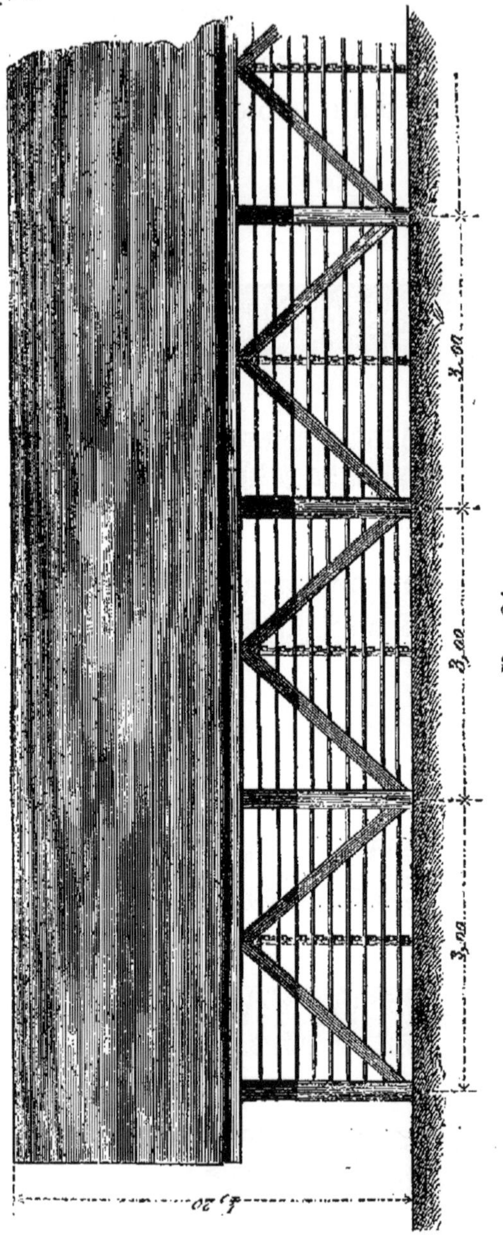

Fig. 94.

Élévation latérale d'une portion de séchoir à tuyaux.

(Échelle de 0,01.)

pareil hangar ne revient pas à plus de 4 à 5 francs le mètre carré, et dure une douzaine d'années.

Les étagères sont disposées sous ce hangar de manière à laisser entre elles un passage suffisant pour le transport des tuyaux. Au milieu se trouve ménagée une large travée dans laquelle on fabrique les tuyaux. On fait avancer la machine au fur et à mesure du remplissage des étagères, pour que le transport des tuyaux fraîchement moulés soit le moindre possible.

La figure 95 indique le détail du mode de construction le plus convenable des étagères de séchoirs. Les pièces verticales qui supportent les traverses horizontales sont enfoncées dans le sol de manière à donner au système une stabilité suffisante. On les place à une distance de $1^m,50$ à 3 mètres les unes des autres.

Dans une fabrique, il faut avoir un certain nombre de séchoirs portatifs (fig. 96); ils servent à placer les tuyaux à l'air quand le temps le permet, à les transporter, au besoin, d'une place à l'autre et même, quelquefois, à constituer sans hangar fixe un séchoir très-convenable pour une fabrication passagère.

Dans ce dernier cas, on met les séchoirs portatifs en longues piles les uns sur les autres, et on les recouvre simplement avec des nattes en paille ou des voliges, formant une sorte de toit mobile.

Vue de face d'une portion d'étagère.     Élévation latérale d'une étagère.

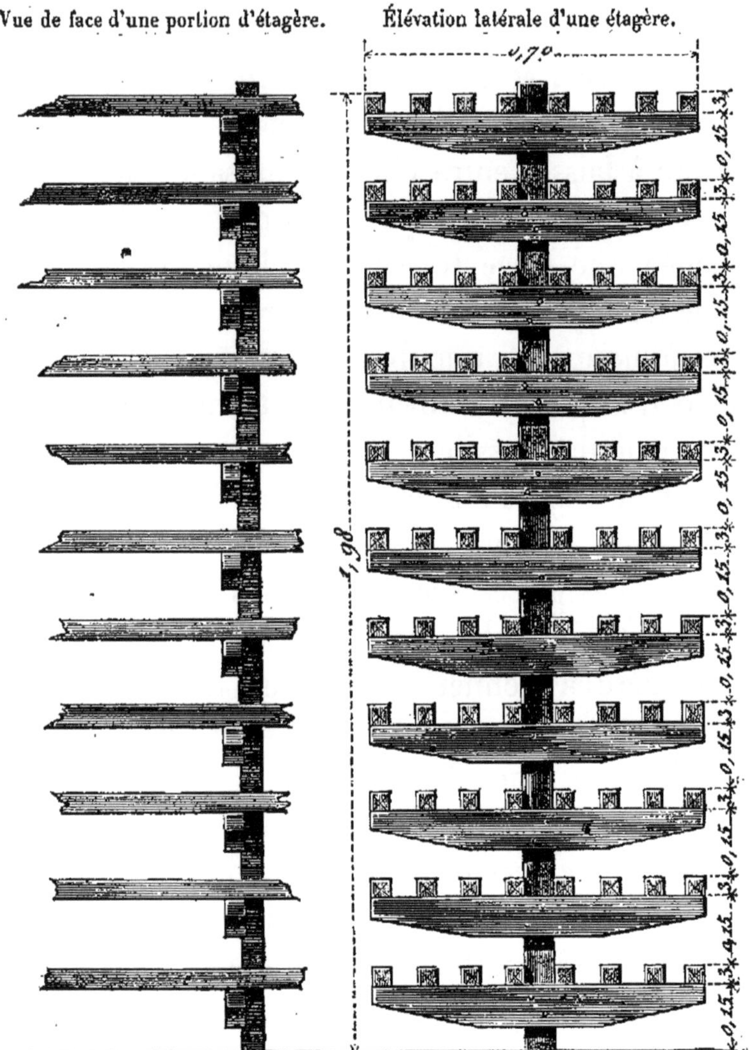


FIG. 95.

Étagères de séchoirs.

(Échelle de 0,05.)

Les séchoirs doivent être protégés du côté du
vent par des nattes de paille, des toiles ou des

panneaux de voliges, que l'on déplace suivant le besoin et l'état d'avancement de la dessiccation.

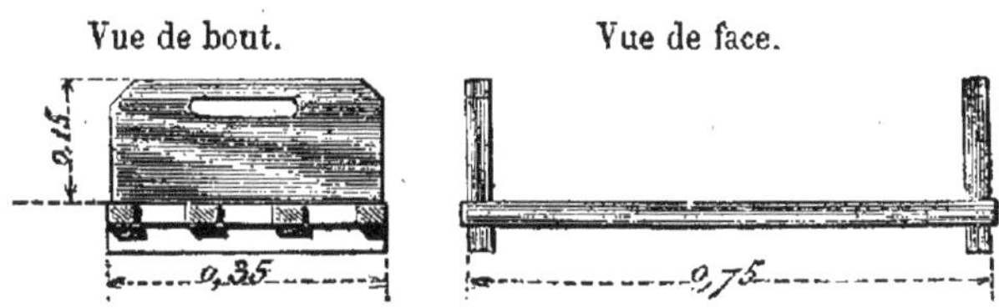


Fig. 96.

Séchoirs portatifs.

(Échelle de 0,05.)

Pendant le séchage, on doit retourner de temps en temps les tuyaux, en les changeant de place.

Lorsque la dessication est assez fortement avancée, on fait rouler les tuyaux un à un, sur une pierre unie portée sur une brouette (fig. 97), Roulage.

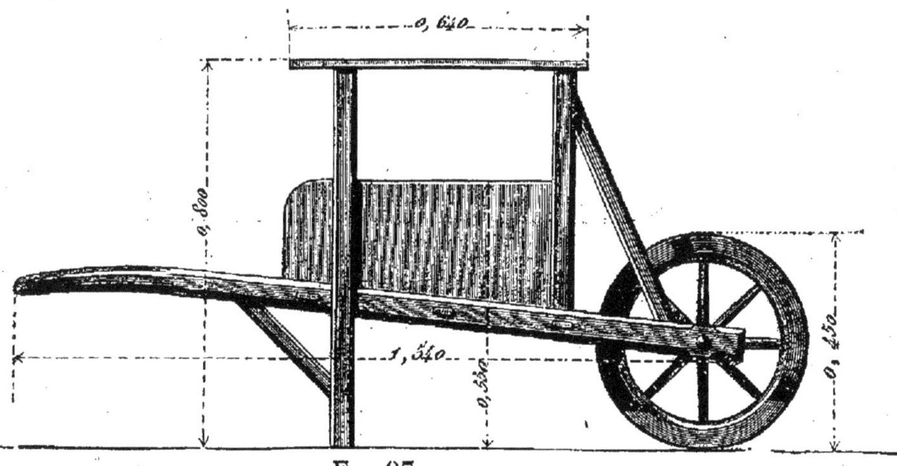


Fig. 97.

Table mobile pour rouler les tuyaux.

(Échelle de 0,05.)

que l'on transporte successivement le long des séchoirs. Cette opération a pour but de régulariser les tuyaux et de faire disparaître les déformations qui se produisent quelquefois pendant le séchage, surtout quand l'argile était un peu trop molle. Ce roulement des tuyaux, avant le dernier séchage et la mise au feu, est absolument indispensable pour obtenir des tuyaux de forme très-régulière.

Les petits tuyaux peuvent se rouler simplement entre la pierre dont on vient de parler et une planche rectangulaire, à peu près de même dimension, garnie de deux poignées sur sa face supérieure.

Pour les tuyaux d'un plus gros calibre, il convient de procéder autrement. On y fait entrer librement un cylindre en bois (fig. 98), et on les

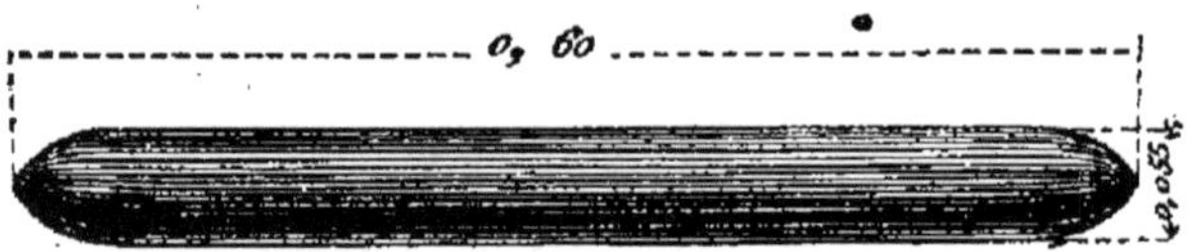

FIG. 98.

Cylindre pour le roulage des gros tuyaux.

(Échelle de 0,10.)

roule sur la pierre plate, en saisissant avec les deux mains les extrémités du cylindre en bois qui dépassent le tuyau de terre.

Lorsque les tuyaux sont presque complétement

secs et qu'ils ne peuvent plus se déformer sans se briser, il est très-utile, si le roulement de la fabrication ne s'y oppose pas, de les empiler pendant quelques semaines les uns au-dessus des autres, en tas réguliers de 2 ou 3 mètres de hauteur, à l'abri des intempéries et dans un endroit sec.

La pression longtemps soutenue à laquelle ils sont ainsi soumis pendant l'achèvement de leur dessiccation s'oppose à toute flexion dans le sens longitudinal, et rectifierait même celle qui aurait pu se produire.

D'un autre côté, l'humidité que la cuisson seule peut chasser se répartit, sans doute, plus uniformément dans le tuyau, et, en résumé, l'expérience prouve que la cuisson s'opère mieux, avec moins de déchet et moins de déformations que lorsqu'on néglige cette précaution, qui offre, en outre, l'avantage de réduire notablement le développement des étagères nécessaire à une fabrication donnée.

# CHAPITRE III.

### CUISSON DES TUYAUX.

Disposition des tuyaux dans les fours.

Tous les fours à tuiles peuvent servir à la cuisson des tuyaux de drainage. Les tuyaux sont disposés verticalement les uns à côté des autres. Quand on cuit en même temps, ce qui a presque toujours lieu, des tuyaux de grosseurs différentes, on introduit les plus petits dans les plus gros, pour ménager la place et s'opposer à l'irrégularité que produiraient, dans le tirage, des canaux entièrement libres et d'un fort diamètre.

Forme des fours.

Les fabricants spéciaux de tuyaux de drainage emploient généralement, dans les établissements d'importance moyenne, un four à coupole dont les figures 99 et 100 indiquent suffisamment la disposition.

Le combustible est placé sur les grilles des alandiers disposés à la circonférence de la base du fourneau.

La figure ne représente pas les carneaux construits dans le prolongement des alandiers, ni le parquet en briques sèches posées en échiquier à jour au-dessus des carneaux qui composent les conduits de flamme, et sur lequel on place ces

Élévation.  Coupe en travers.

FIG. 99.

Four à coupole.

(Échelle de 0,01.)

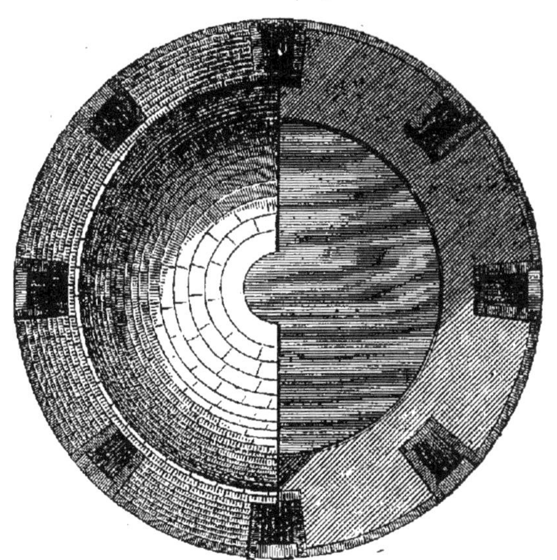

FIG. 100.

Plan en dessus et coupe horizontale d'un four à coupole.

(Échelle de 0,01.)

tuyaux. Ces détails ne pourraient être rendus que par une figure à grande échelle. Ils ne diffèrent pas, d'ailleurs, des parties analogues des fours à tuiles ordinaires, dont tous les ouvriers briquetiers connaissent parfaitement la disposition.

Le fourneau que l'on vient de décrire est en brique commune, garni intérieurement d'une chemise en argile réfractaire. Quelques fourneaux sont même entièrement en terre, et construits d'une manière analogue aux ouvrages en pisé.

On peut cuire à la fois, dans un four de cette espèce, 3o à 35,ooo tuyaux de o$^m$,o45 de diamètre extérieur, disposés verticalement les uns au-dessus des autres. La cuisson dure de 33 à 35 heures et consomme 3 à 4 tonnes environ de houille de qualité moyenne.

On défourne 24 ou 36 heures après l'extinction du feu, en démolissant la cloison légère établie, après l'enfournement, dans la porte ménagée dans la paroi du four.

Deux fours semblables au précédent suffisent pour cuire le produit de la fabrication d'un bon tonneau broyeur et de deux machines analogues à celle représentée par les figures 85 et 86.

En supprimant les grilles et en modifiant légèrement la forme des alandiers, on peut employer du bois ou des fagots, au lieu de houille, dans le four précédent.

Le pouvoir calorifique du bois et des fagots est trop variable, avec la qualité de ces produits, pour qu'il soit possible d'indiquer d'une manière exacte la quantité de ces matières nécessaire à la cuisson d'une fournée de tuyaux. En général, la houille doit être préférée au bois toutes les fois que son prix n'est pas trop élevé.

Les figures 101 et 102 indiquent la disposition d'un four de campagne provisoire entièrement en terre, à l'exception des carneaux et des alandiers. Ce four est circulaire, il a $3^m,30$ de diamètre et $2^m,15$ de hauteur environ. La terre damée qui forme les murs peut être prise, si elle est de

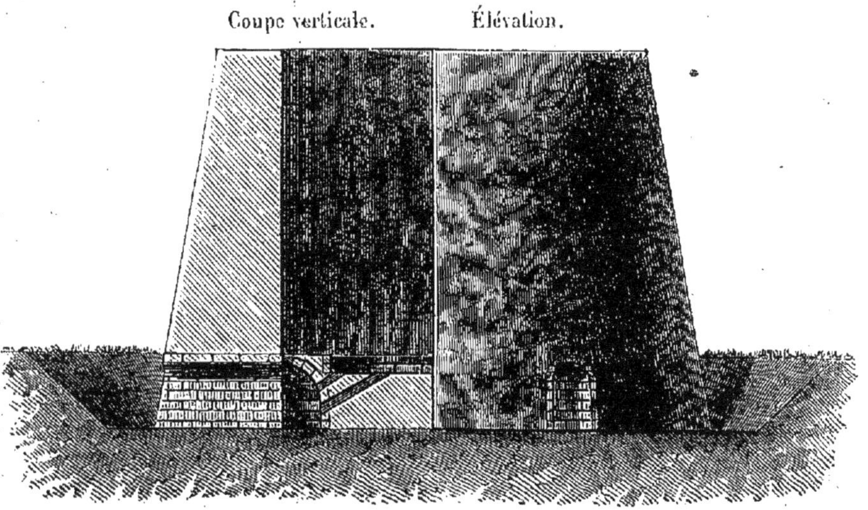



Fig. 101.

Four de campagne en terre.

(Échelle de 0,01.)

18

Coupe au niveau des alandiers.    Plan supérieur.

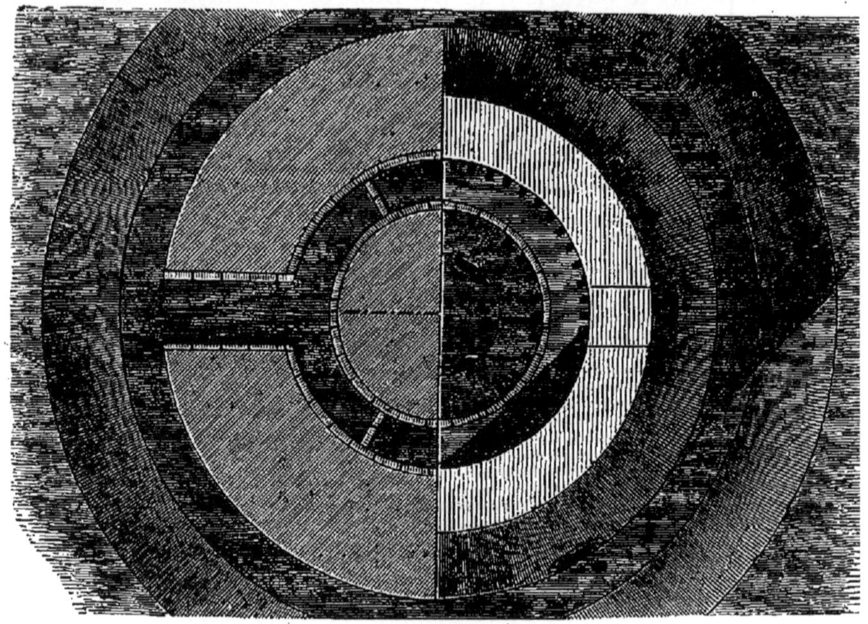

Fig. 102.

Four de campagne en terre.

(Échelle de 0,01.)

bonne qualité, dans une tranchée de 1$^m$,20 ouverte au pied du fourneau, et dans laquelle débouchent les alandiers, au nombre de trois quand
on consomme du bois, et de quatre, si l'on employait de la houille.

Il entre environ 1,200 briques dans la construction de ces parties de fourneau. Il en faudrait
un peu moins pour un four à houille, mais on
aurait besoin, en outre, de quelques barres de
fer pour former les grilles.

Le four que l'on vient de décrire coûte de 125

à 150 francs. Il peut contenir[1] environ 30,000 tuyaux de o^m,o35 de diamètre.

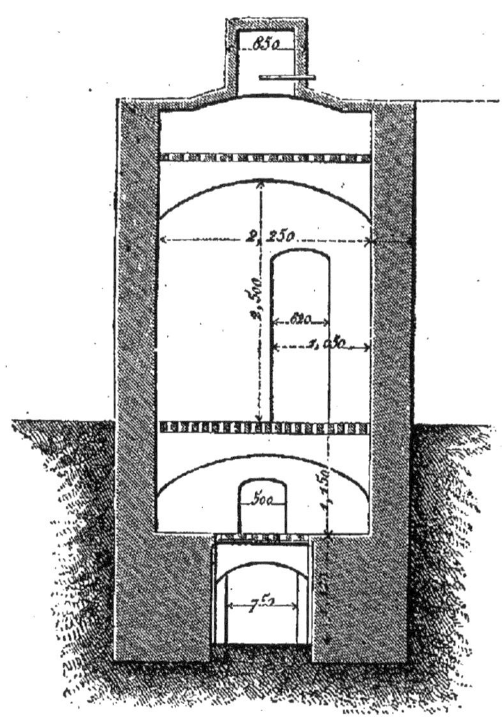

Fig. 103.

Coupe suivant *e*, *f*, *g*, *h* de la figure 105.

(Échelle de 0,01.)

[1] On peut évaluer d'avance, d'une manière approximative, le nombre de tuyaux cylindriques qu'il est possible de placer les uns à côté des autres dans un espace donné, en prenant les 6/7 du rapport de la section des tuyaux à celle de l'espace donné. Dans un four cylindrique d'un rayon R, chaque étage de tuyaux d'un diamètre r en contiendra $6/7 \cdot \dfrac{R^2}{r^2}$.

Le four précédent donne une cuisson moins égale que le four à coupole. Les tuyaux placés à la partie supérieure doivent toujours être passés au feu une seconde fois. Il est d'ailleurs inutile d'ajouter que le four doit être construit sous un hangar léger, pour le mettre à l'abri de la pluie.

Les figures 103, 104 et 105 donnent les détails de construction d'un petit four très-commode et fort économique.

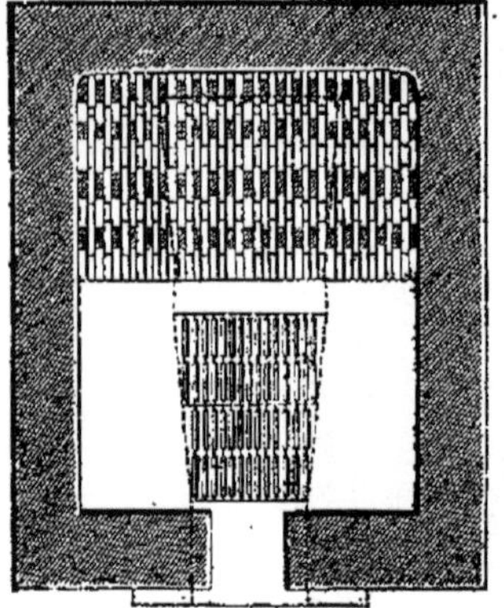

Fig. 104.

Plan suivant *a*, *b*, *c*, *d* de la figure 105.

(Échelle de 0,01.)

Ces figures n'exigent aucune explication particulière. Ordinairement, on réunit 2 ou mieux 4 fours semblables autour d'une même cheminée.

Dans ce dernier cas, il y en a toujours deux en feu pendant que l'on charge, que l'on décharge ou que l'on répare les deux autres.

Un seul chauffeur à la fois suffit pour les diriger.

Chacun de ces fours peut contenir 8 à 12 mille tuyaux. La consommation en combustible, par mètre de tuyaux cuits, n'est que peu supérieure à celle des fours à coupole. Mais ceux-ci sont plus

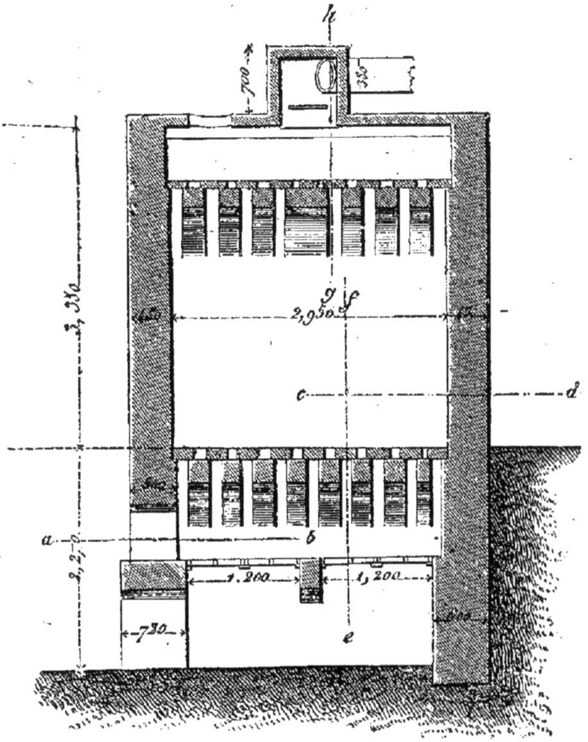

FIG. 105.

Coupe longitudinale d'un four rectangulaire à tuyaux.

(Échelle de 0,01.)

faciles à conduire et donnent, à soins égaux, une cuisson plus régulière.

# APPENDICE.

---



Loi du 10 juin 1854 sur le libre écoulement
des eaux provenant du drainage.

Article premier. Tout propriétaire qui veut assainir son fonds, par le drainage ou un autre mode d'assèchement, peut, moyennant une juste et préalable indemnité, en conduire les eaux, souterrainement ou à ciel ouvert, à travers les propriétés qui séparent ce fond d'un cours d'eau ou de toute autre voie d'écoulement.

Sont exceptés de cette servitude les maisons, cours, jardins, pavés et enclos attenant aux habitations.

Art. 2. Les propriétaires des fonds voisins ou traversés ont la faculté de se servir des travaux faits en vertu de l'article précédent, pour l'écoulement des eaux de leur fonds.

Ils supportent dans ce cas, 1° une part proportionnelle dans la valeur des travaux dont ils profitent;

2° les dépenses résultant des modifications que l'exercice de cette faculté peut rendre nécessaire; et 3°, pour l'avenir, une part contributive dans l'entretien des travaux devenus communs.

Art. 3. Les associations de propriétaires qui veulent, au moyen de travaux d'ensemble, assainir leurs héritages par le drainage, ou tout autre mode d'asséchement, jouissent des droits et supportent les obligations qui résultent des articles précédents. Ces associations peuvent, sur leur demande, être constituées, par arrêtés préfectoraux, en syndicats auxquels sont applicables les articles 3 et 4 de la loi du 14 floréal an XI.

Art. 4. Les travaux que voudraient exécuter les associations syndicales, les communes ou les départements, pour faciliter le drainage ou tout autre mode d'asséchement, peuvent être déclarés d'utilité publique par décret rendu en conseil d'État.

Le règlement des indemnités dues pour expropriation est fait conformément aux paragraphes 2 et suivants de la loi du 21 mai 1836.

Art. 5. Les contestations auxquelles peuvent donner lieu l'établissement et l'exercice de la servitude, la fixation du parcours des eaux, l'exécution des travaux de drainage ou d'asséchement, les indemnités et les frais d'entretien, sont portées en premier ressort devant le juge de paix du canton, qui, en prononçant, doit concilier les intérêts de l'opération avec le respect dû à la propriété.

S'il y a lieu à expertise, il pourra n'être nommé qu'un seul expert.

Art. 6. La destruction totale ou partielle des conduits d'eau ou fossés évacuateurs est punie des peines portées à l'article 456 du Code pénal.

Tout obstacle apporté volontairement au libre écoulement des eaux est puni des peines portées à l'article 457 du même Code.

L'article 463 du Code pénal peut être appliqué.

Art. 7. Il n'est aucunement dérogé aux lois qui règlent la police des eaux.

# TABLE DES MATIÈRES.

www.ingramcontent.com/pod-product-compliance
Ingram Content Group UK Ltd.
Pitfield, Milton Keynes, MK11 3LW, UK
UKHW021210140726
13695UKWH00002B/452